大展好書 好書大展

大展好書 好書大展

超現實心靈講座
25

# 21世紀
# 拯救地球超技術

深野一幸/著
林 雅 倩/譯

大展出版社有限公司
DAH-JAAN PUBLISHING CO., LTD.

# 前言

在邁向二十一世紀的前幾年，現代科學顯著發達。在另外一方面，現代科學的發達引起了嚴重的環境問題，以及能源問題等各種的問題，地球文明出現陷入瓶頸的狀態。因此，許多人對於「是否能平安無事地迎向二十一世紀的到來」感覺非常不安。

地球的規模之環境問題大多是石化燃料的能源問題所造成，如果能解決能源問題，則大部分的環境問題也能同時解決。因此，打開現在瓶頸文明的關鍵，就在於解決能源問題。

所以，本書為各位提示，解決能源問題的決定性方法。

一種就是已經開發出常溫超電導材料的超震撼情報。常溫超電導材料就是指即使未冷卻，在室溫中也沒有電阻的材料。常溫超電導材料是人類夢想的材料，在世界各國爭相進行開發競爭，日本也已開發出來了。

而這個情報藉著本書，首次公諸於世。

開發出在常溫下電阻為零的常溫超電導材料，就可以大量儲藏以往認為不可能儲藏的電。此外，大量的電，幾乎完全沒有流失就能夠送到遠處。在各種範疇都掀起技術革新。

以往因為不能儲藏電，因此電力公司要配合最大使用時的需求量來發電。此外，還必須估計送電時的損失來進行發電。

但是，今後只要生產必要的電，不必再生產損失的部分，因此，使得發電機的運轉率大幅度降低。

結果，發電時因為能源消耗而造成環境污染，可以隨著能源消耗的減少而確實減少。

另外一個能源問題的決定性解決方法，就是提示能源的存在代替石油、煤及核能。現在地球環境的污染，因為石油、煤等石化燃料大量消耗所引起的因素非常大。因此，尋求能代替石油、煤及核能的

「乾淨、安全、廉價、大量存在」的能源。但是，一般常識認為目前尚未發現這種理想的能源。

但是，事實上並不是如此，只是大家沒有察覺到而已。理想的能源就在身邊，答案就是「宇宙能量」。

宇宙能量無窮盡存在於我們周圍的空間，只要大量取出的話，就能夠形成電、能量。事實上，取出宇宙能量製造電的發電機已經開發出來了。

現代科學並沒有察覺到宇宙能量的存在，是因為宇宙能量的粒子太小，無法以科學的方法檢測出來。

取出來自空間的宇宙能量之後，進行發電的宇宙能量發電機，並不是最近才開發出來的。事實上，有一位叫做尼可拉提斯拉的天才科學家，早在一百年前，就已經成功地開發出能由空間中取得能源的裝置。繼提斯拉之後，也有很多人成功地開發出宇宙能量發電機。

但是，這個裝置在世界上並不普及。沒有在世界上普及的原因，是因為一旦這些裝置普及之後，會在經濟上受到打擊的勢力，也就是掌握世界能源的少數能源支配勢力，阻礙了發明的普及。

但是，當地球環境問題以及能源問題面臨嚴重事態，以往阻止普及的能源支配勢力，據說已經決定將石油、煤等石化燃料及核能轉換為宇宙能量。

現在明確表示宇宙能量存在的裝置已經開發出來了，本書將會為各位介紹。因此，隨著今後世間廣泛認識宇宙能量的存在，宇宙能量發電機開始普及。同時，也會掀起從石油、煤等石化燃料和核能轉換為宇宙能量的能源革命。

希望本書能成為能源革命的關鍵，為陷入瓶頸的地球文明打開僵局。

深野一幸

# 目　錄



## 第一章　夢想的超技術，常溫超電導材料開發出來了

## 第二章

## 代替石油、核能的宇宙能量

## 第三章

## 保護地球的超燃燒裝置

## 「ＲＢＴ」革命已經開始了

## 第四章 塑膠瞬間成為燈油的油化還原裝置

## 第五章

# 宇宙能量是萬能的超能量

## 第六章 引起常溫核融合的宇宙能量

## 第七章　從現在開始現代科學的改革

# 第一章

## 夢想的超技術，常溫超電導材料開發出來了

## 吸收宇宙能量的常溫超電導材料

本書爲各位介紹超越現在科學技術的「超」技術。

關於「超」技術方面，有以下兩種情形：

一種就是誕生在現代科學延長線上的技術。現在還沒有開發出來，但是只要技術開發進步，隨時都可以開發出大家期望的夢想技術。也就是本章所介紹的「常溫超電導材料」的開發。

另外一種就是現代科學完全無法說明的技術。也就是本書所敘述的「宇宙能量裝置」。這是輸出功率大於輸入功率的裝置。以現代科學理論而言，可說是完全無法說明的超技術。

也許有很多人頭一次聽到「宇宙能量」這種說法，在此簡單說明一下宇宙能量。就是：「無窮盡存在於我們周圍空間、乾淨、安全、免費，今後將會取代石油和核能，當成生活和產業使用的理想能源。」

關於宇宙能量方面，以往我在許多的書中都介紹過了，但是，即使在書中說明「空間中存在著宇宙能量，只要加以取出就能取得電」，但是很多人都不相信。

可是，現在相信其存在的技術已經開發出來了——就是「常溫超電導材料」。這可以說是二十一世紀夢想的超技術。常溫超電導材料就是即使在室溫下，電阻爲零的人類夢想材料。

常溫超電導材料的開發是歷史性的巨大發明，不只如此，還有更重要的性質存在。

常溫超電導材料能夠吸收宇宙能量，使其成爲電的性質。也就是說，常溫超電導材料是宇宙能量裝置。當這個裝置在世上登場時，不管是誰都不得不承認宇宙能量的存在。

常溫超電導材料的開發，是在常溫下電阻爲零的超技術，同時也是吸收宇宙能量，使其成爲電的超技術。

本章爲各位介紹改變文明的劃時代發明，常溫超電導材料的開發情報。

## 地球規模的超能源革命已經開始了

超電導先前已經敘述過，就是電阻爲零的現象。通常，電必須有電壓才會流通，在電流通時有阻礙出現，這個阻礙就是電阻。

但是，如果電阻爲零，不需要電壓而電能一直流通，這就是「超電導」現象。最容易導電的金屬是銀，其次是銅。但是銀的價格昂貴，所以一般電導線都使用銅。但是電最容易通過的銀仍然有電阻存在，電阻並不爲零。超電導掀起地球規模的超能源革命，就是因爲使電阻爲零。理由何在呢？

一旦有電阻時，在通電過程中會造成電的損失。如果要將大量的電送到遠方時，當然會造成很大的損失。

使用超電導材料通電時，因爲沒有阻礙，因此電流流通順暢，沒有電力的損失。

此外，電阻爲零的優點眞是深不可測。在送電時不僅不會造成損耗，同時能夠儲存大量的電，形成小而輕的強力電磁石或馬達、形成超高速電腦，具有非常神奇的各種應用範圍。

但是，超電導材料以往只能夠將材料利用液體氮或液體氦冷卻到極低的溫度，否則無法形成超電導狀態。

液體氦是將氣體氦冷卻成液體，能夠冷卻到攝氏零下二六九度（絕對溫度爲四度，寫成四K）。此外，液體氮則是將空氣中的氮冷卻製成液體，能夠冷卻到攝氏零下一九六度（絕對溫度七十七度，也就是七十七K）。

冷卻劑用液體氮冷卻比用液體氦冷卻成本較低，而且容易處理。但是，不論是液體氮或液體氦不冷卻的話，就無法成爲超電導材料，而冷卻需要花龐大的成本，這是一大不利條件。

**(註)絕對溫度**　我們通常所使用的攝氏溫度是以水結冰的溫度爲零度，水沸騰的溫度爲一百度。而我們所能測得的最低溫度爲攝氏零下二七三度，而在宇宙中沒有攝氏零下二七三度（正確說法是零下二七三．一五度）以下的低溫。

而另一方面，絕對溫度則是攝氏零下二七三度爲零度，如果要將攝氏溫度換算爲絕對溫度的話，只要加上二七三度就夠了，單位以K來表示。例如攝氏零度的絕對溫度爲二七三度，也就是二七三K。而攝氏零下二十度，絕對溫度爲二五三度，也就是二五三K。

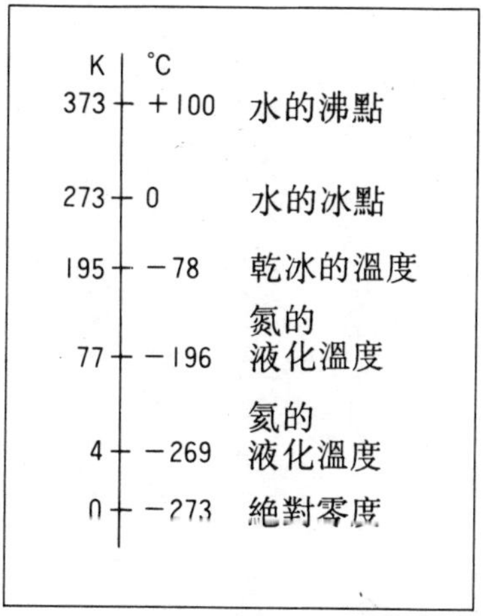


**攝氏溫度與絕對溫度**

冷卻需要花費龐大的成本，而利用超電導的優點即使再神奇，但是超電導技術的普及非常困難。

爲了使得超電導技術廣泛普及，必須要開發省去冷卻的成本，在常溫（＝室溫）下的超電導材料，也就是常溫（室溫）超電導材料。

## 因爲發現歷史性的超電導現象而得到諾貝爾獎

一九八六年至一九八八年，在世界上掀起了超電導熱，相信各位記憶猶新。在此之前，如先前所叙述的，大家認爲超電導是讓容易導電的金屬在極低溫（絕對溫度四K以下）下時才會發生的現象。

超電導的歷史要追溯到一九一一年，荷蘭物理學家卡梅林．翁尼斯的發現。

卡梅林．翁尼斯發現水銀在絕對溫度達到四度時可以冷卻，結果也發現了水銀的電阻爲零的現象，這可以說是歷史性超電導現象的發現。因此，卡梅林．翁尼斯在一九一三年得到諾貝爾獎。

一九八六年瑞士蘇黎士的ＩＢＭ研究所的貝德諾爾茲和米勒，發現不只是金屬，連以往被視爲不容易導電的陶瓷器在三十K（攝氏零下二四三度）時，也就是

在日本召開國際會議時見面的
貝德諾爾茲博士（左）與米勒博士（右）

說比以往更為「高溫」的狀態下出現超電導的現象（超電導經常使用高溫超電導的字眼來表示，這裡所說的高溫並不是攝氏幾百度的高溫，而是比起極低溫更高的溫度。

因此，比室溫更低的溫度下會引起超電導現象的材料，就稱為「高溫」超電導材料）。

以此為關鍵，後來進行能夠製造出更高臨界溫度（表示超電導現象開始的溫度）的超電導材料的開發競爭。

貝德諾爾茲和米勒在大發現後的兩年，於一九八九年得到諾貝爾獎。

## 日本人大西義弘開發常溫超電導材料

超電導熱經過幾年以後，在這段期間並沒有發表關於超電導材料的顯著報告。因此，一般人認爲常溫或者是接近常溫度會出現超電導現象之材料的開發，可能非常困難吧！但是，卻在水面下進行著激烈的常溫超電導材料的開發競爭。

後來終於開發出在常溫下會出現超電導現象的材料，開發的人是日本人。這位得到諾貝爾獎的偉大發明家就是大西義弘（五十九歲）。大西是個人進行開發的科學研究家，也可以說是一位優秀的發明家。

開發常溫超電導材料的大西義弘

大西年輕時認爲石油和核能不但會引起公害，而且對於健康及安全都會造成許多問題。因此，他經常覺得要開發出能夠加以替代，而且乾淨、安全的能源。下定決心的大西，後來辛苦了三十年，日夜不斷地進行新能源的開發及新素材的開發。

他的研究開發有以下的實績：從永久磁

石中取出能量的研究，以及太陽能發電機的單結晶研究、使可燃性有毒氣體成爲無公害氣體的觸媒金屬研究、使遠紅外線陶瓷效果成爲半永久性的研究等等。關於從永久磁石取出能源的研究，在幾年前就已經成功地開發出只使用永久磁石就能夠運轉的馬達（也就是發電機）。

在此之前，大石先生的研究成果像太陽能發電機，以及汽車所使用的觸媒等，已經在普及的商品中展現了效果。

此外，他拿手於新材料的開發，自己進行了利用陶瓷的高溫超電導材料的開發，結果可以說是實現了人類長久以來的夢想。也就是成功地開發出在常溫下能夠出現超電導現象的「常溫超電導材料」。

## 經由各種實驗證明其「電阻爲零」

大西先生所開發的常溫超電導材料，具有以下所叙述的各種應用範圍。在不久的將來，會掀起全世界的能源革命及技術革命。現在在地球上能源問題及環境問題非常嚴重的狀況下，這個技術應該要儘早普及於世界上才對。

大西先生開發的超電導材料，請東京工業大學進行測試，確認在常溫下電阻爲零。在此簡單地介紹一下，開發成功的超電導材料的內容。

聽大西先生說，最初是將鈮、鈦、錫、鍺等混合，進行超電導材料開發。但是，後來發現到光靠這些材料開發起來非常困難，因此想要使用鈣當成觸媒。關於這件事情，在幾年前曾經向專家提出，但是在當時並沒有得到任何人的認同。

於是，大西先生自己努力研究，最後使用鈮3錫、鈮3鍺、鉍、鍶、氧化銅等配合鈣，成功地開發出在常溫下電阻爲零的常溫超電導材料。

## 人類永久的夢想，常溫超電導材料的神奇用途

這次大西先生成功地開發了常溫超電導材料，其應用範圍非常廣泛，掀起震撼社會的技術革新，而其適用的可能性及具體的用途如下：

### ◆可以儲藏電力

現在，小容量的電可以利用蓄電池或是乾電池等儲藏，但是大容量的電無法以電的狀態直接儲藏，因此，電力公司必須要設立必要以上的發電設備，結果形成很大的浪費。這也是電力公司備感困難之處。

在這種現狀下來探討的話，常溫超電導材料的最有效用途就是儲藏電力。

有電通過超電導材料時，因爲電阻爲零，所以當然不會消耗掉電力，因此，即使長時間儲藏電，電也不會漏失，可以儲藏大量的電。

現在的電力公司無法事先儲藏電，因此發電所需要的電力設備必須配合最大需要電力量來建設。通常，只維持在最大需要量的一半而已，因而常常不夠用。所以，在一年內最需要使用電力的情況下，電力公司會加以配合，來製造發電設備。

電力的使用量在一天中以白天較多，一年的話則是使用冷氣的夏天，以及使用暖氣的冬天用量較多。如果利用常溫超電導材料來興建大量的儲藏設備，即可有效地儲存電力。在電力使用量較少的時間或季節儲藏電力的話，則使用比現在更小規模的發電設備，就能夠符合需要了。

如果能夠興建大容量的電力儲藏設備，就不需要新的發電設備的建設，效率極佳，同時又可避免無端的浪費。

**◆不會浪費龐大的電力**

現在電力公司是利用石油、核能、水力等發電。而發電廠大都興建在距離都市較遠的地方。要將發電所產生電，利用大型的送電纜，配送到消耗大量電力的都市。現在的送電纜電阻並不爲零，因此會消耗掉一些功率，在送電的過程中損失極大的電力。

損失的程度爲總發電量的六～十%。以現在日本的電力需要而言，一年需要八千億千瓦，這樣就會浪費掉五百～八百億千瓦的龐大電力。

但是，現在大量的送電纜如果用常溫超電導材料製造出來的話，則因爲電阻爲零，就不會損失掉電力，而能完全送電。

與現在的日本相比，海外例如加拿大或澳洲等地，都是電力非常便宜的國家。假設我們在日本到加拿大之間，或是日本到澳洲之間使用常溫超電導材料的大容量送電纜，則日本就可以從加拿大和澳洲輸入便宜的電力，進行電力的進口。

### ◆利用超電導電磁石掀起多樣化的機器革命

用超電導材料製作電磁石時，因爲電流通時沒有電阻，因此能形成小而輕的強力電磁石。而因爲是使用超電導材料，所以電力損失較少，電磁石的消耗電力也非常少。

常溫超電導的電磁石可以應用在各種裝置中，通常只要以往的十分之一到一百分之一的電力就夠用了。

以目前的現狀來看，很多的機器都使用電磁石。如果將這些全都替換爲超電導電磁石的話，它的優點是無法計量的。

## ◆小型、輕量、消耗電力較少的馬達（電動機）出現了

馬達的應用非常廣泛，而馬達使用磁石。如果能利用常溫超電導材料製造電磁石，就能減少消耗電力，而且形成小型且輕量的馬達。

## ◆發電機超乎想像的優點

發電機與馬達（電動機）同樣地使用磁石，如果是使用常溫超電導材料做的電磁石，就能減少能源耗損，提升發電效率。此外，也可以使其小型化、輕量化。以大型發電機而言，因爲不會發熱，所以不需要冷卻裝置，的確有超乎想像的優點存在。

## ◆可以製造線性發動機牽引列車

**在宮崎的實驗線測試正在行駛中的線性發動機牽引列車 MLU002N**

現在從東京到大阪之間搭乘新幹線需要花兩個半小時，如果要縮短爲一個小時的話，計劃要採用線性發動機牽引列車。所謂線性發動機牽引列車，就是利用磁石的排斥力，使車體上浮。利用磁石的吸引與排斥，而能前進的磁氣上浮列車。這個列車搭載著超電導磁石。

磁氣上浮列車的優點就是能夠高速運行、大量輸送、安全舒適、噪音公害較少。但是，如果列車上搭載的是重量較重的永久磁石，當然優點較少。如果是使用超電導材料做成的磁石，就能夠使車輛輕量化，磁氣上浮列車就有實用化的可能。

不過，目前在進行的線性發動機牽引列車的計劃和實驗，使用的是液體氦及在極低溫下才能使用的超電導材料，所以建設費及維修費非常昂貴。

如果能夠替換爲常溫超電導材料的話，則車輛能夠大幅度輕量化，不需要冷卻，減少設備費與建設費，具有很多的優點。因此，如果能夠開發常溫超電導材料的話，則東京到大阪間的線性發動機牽引列車計劃，就能夠加速建設，誕生夢想的磁氣上浮列車。

**◆實現超電導電磁推進船**

目前一部分的開發實驗計劃，是將超電導利用在船的動力上。在船上

**電磁推進船的原理**

**佛萊明哥的左手法則**

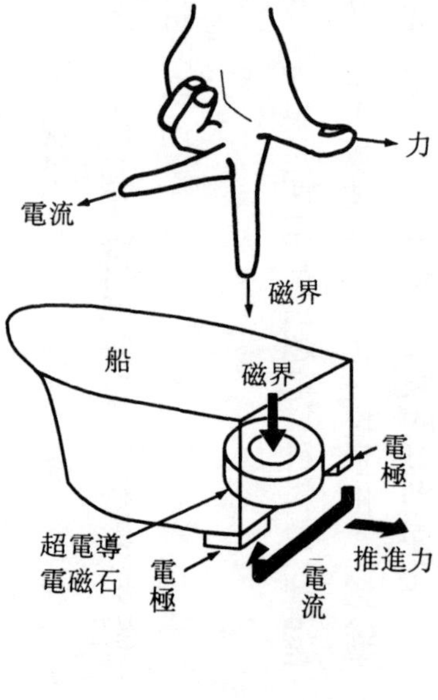

### 超電導現象的應用樹

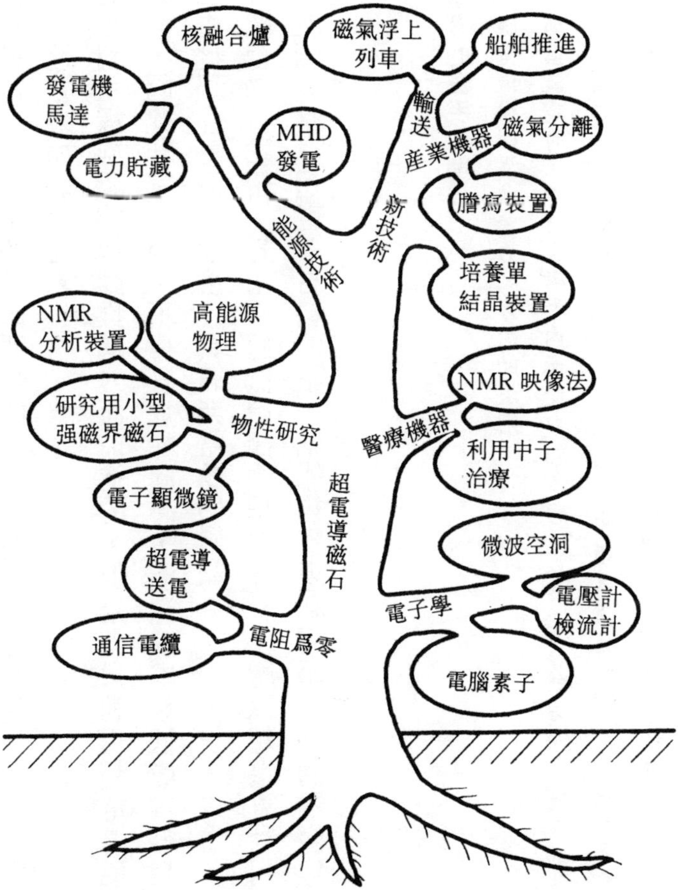


〈根據『超電導』（太刀川恭治、戶葉一正、讀賣新聞社）〉

安裝超電導磁石通電之後，按照佛萊明哥的左手法則就能夠產生「力」，而這個力可以當成船的推進力來加以利用。

現在的船是利用螺旋槳的轉動推進力而前進的，但是如果利用超電導磁石前進的船沒有螺旋槳，因此非常安靜，不會冒煙。同時，能源成本較低廉，容易控制，而且還可以產生比以往更高的速度，具有非常多的優點。

目前進行開發的實驗船，是用液體氦冷卻的超電導船，所以超電導利用的優點比較少。如果能開發常溫超電導材料的話，就能夠實現利用超電導的電磁推進船的夢想。

(註)佛萊明哥的左手法則

知道電流從磁界接受力之方向的法則。

流通直流電時，電流在磁界內承受力的方向，以及磁界的方向、電流的方向具有相互垂直的關係。只要將左手的拇指、食指、中指呈直角打開，中指就是電流的方向，食指是磁界的方向，而配合這兩個方向由拇指表現輸出功率的方向。就是佛萊明哥的左手法則。

## ◆飛躍提升的電腦性能

以超電導產生的約瑟夫森（Josephson effect）效應（後述）現象，利用在電腦上可以提升電腦的性能。使用常溫超電導材料的約瑟夫森素子如何提升電腦的性能呢？首先就是計算速度的飛躍提升。目前有所謂的超級電腦，就是能夠以普通電腦數十倍的速度計算的電腦。

利用常溫超電導材料製作的電腦，其性能大幅度提升。就好像是現在的個人電腦功能，能夠提升爲超級電腦般的性能一樣。

使用常溫超電導材料的電腦，因爲不會發熱，所以不需要冷卻裝置，消耗電力非常地小，具有以上的優點。

由於常溫超電導材料的開發，在電腦範圍一定會掀起革命。

以上只不過是常溫超電導材料的一部分應用而已。由此可知，常溫超電導材料會在各方面引起震撼，產生驚人的技術革新。同時，也會使整個社會產生大幅度變化的產業革命。

常溫超電導材料的開發，可以說是給與現代社會震撼的巨大發明。

## 超電導的四大條件

在此稍微說明一下超電導材料的條件。開發研究者認爲符合以下條件的材料，才是超電導材料。

①電阻爲零。

②產生麥斯納效應。

③產生約瑟夫森效應。

④具有再現性。

常溫超電導材料必須在常溫，也就是在不會冷卻的室溫中滿足以上的條件。

首先，關於①的電阻爲零的部分已經爲各位探討過很多次了，在此爲各位敘述②的麥斯納效應。

麥斯納效應是指「超電導本身會產生

利用麥斯納效應使超電導體的磁氣上浮

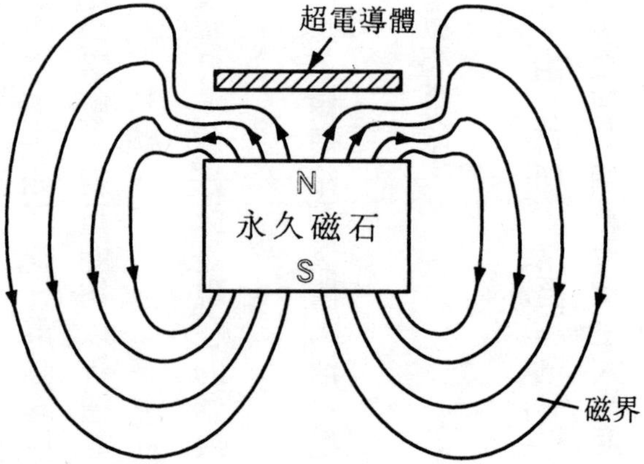

磁場的現象」。具體而言，麥斯納效應的現象就是讓磁石浮於超電導體上，或者是讓超電導體浮於磁石上。

其次，關於③的約瑟夫效應就是，「用薄的絕緣體夾住兩個超電導體連接時，會產生隧道效應現象，絕緣體電子對通過、產生電流流通的現象，具有與電晶體同樣作用的性質」。

將約瑟夫森效應應用在電腦上，就可以形成超高速、高密度化的電腦。藉此掀起電腦的一大革命。

關於④的具有再現性，這是理所當然的事情。但是，會說明必須要具備這個條件，是有它的理由存在的。因爲超電導熱掀起的時候，認爲比極低溫更高的溫度引

**產生約瑟夫森效應的素子**

**利用隧道效果電流從 A 流到 B**

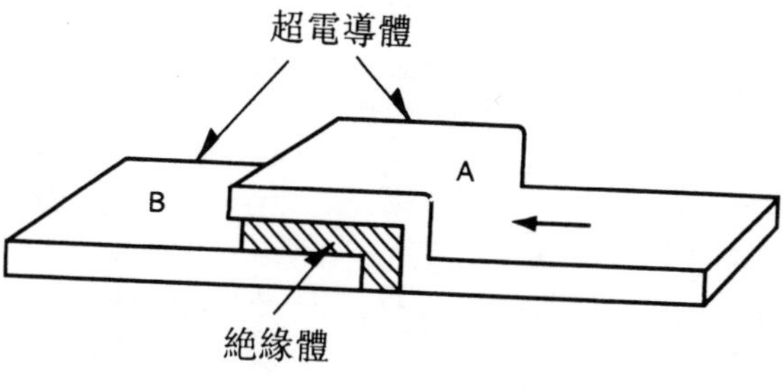

起超電導，也就是高溫超電導材料的開發競爭非常激烈。好幾次有人發表已經開發出高溫超電導材料，但是後來卻無法達到再現性。因此，必須要加入這一項條件，也就是說必須充分確認高溫超電導材料具有再現性之後，才可以發表。

這些條件正好符合大西先生所開發的常溫超電導材料。①與③在常溫下發生，而④的再現性也符合條件。但是，②的麥斯納效應在常溫下不會發生，如果不用液體氮冷卻的話就不會發生。根據大西說這個材料必須在攝氏零下一百九十度以下才會產生麥斯納效應。

由於常溫超電導材料必須滿足先前的條件，就是在常溫下要滿足①到④的條件。而大西開發的常溫超電導材料，在常溫下卻無法產生麥斯納效應。

但是，在常溫下無法滿足①到④的條件，眞的就不能讓它成爲常溫超電導材料了嗎？絕對不是如此的。

大西所開發的超電導材料，在常溫下雖然不會產生麥斯納效應，但在常溫下電阻爲零，也會產生約瑟夫森效應。因此，大西開發的超電導材料，現在幾乎在所有的用途中都可以使用，期待它產生常溫超電導材料的效果。

事實上，稍微爲各位敘述大西使用本身所開發的超電導材料，研發出「電力儲存裝置」以及「超電導電動車」。在常溫下電阻爲零，實際證明其非常實用。

因此，大西開發的超電導材料，即使在常溫下不會產生麥斯納效應，但是的確可以當成常溫超電導材料來使用。

先前已經敘述過麥斯納效應了，是肉眼可以識別的超電導現象，也就是以「超電導材料浮於永久磁石上」的狀態表現出來。這個現象可以利用非常簡單的實驗達成，因此，經常當成超電導材料的示範實驗來進行。

但是，超電導的麥斯納效應的實用面的應用，目前非常地少。

此外，先前所介紹的線性發動機牽引列車，也沒有利用到麥斯納效應。

即使無法產生麥斯納效應，但是在常溫超電導的實用面上幾乎沒有問題。

現在，超電導材料的研究者之間爭相進行熾烈的開發競爭。據說要調查是否爲超電導材料的最初測試，就是測驗其是否會產生麥斯納效應。

但是，即使無法產生麥斯納效應，可是電阻爲零的超電導物質，實際上是存在的。所以，我認爲麥斯納效應的現象不能算是超電導材料的絕對條件。也可以說是在今後開發高溫超電導材料時，應該要注意的重點。

大西先生仍在努力，希望能將這些材料變成更完美的材料。但是，現在幾乎在所有的用途中都可以使用這種常溫超電導材料，有百分之九十五以上的用途，都可以使用常溫超電導材料。

因此，如果說「大西義弘先生開發了世界先驅的『常溫超電導材料』」，這種說法絕不爲過。這是震撼世界的一大消息，同時也是値得得到諾貝爾獎的劃時代開發。

## 現在在市場上使用常溫超電導材料的商品

根據先前的說明，相信大家已經瞭解到常溫超電導材料的開發，是改變地球文明的重大發明。

大西先生堪稱是世界先驅，領先開發了常溫超電導材料，可以說是劃時代的發明。因此，很多人可能會懷疑「眞的在常溫下會出現超電導現象嗎？」或是「材料具有再現性嗎？」、「眞的可以使用在各種用途中嗎？」。對於這些問題，接下來一一爲各位解答。

事實勝於雄辯，大西先生不僅開發了常溫超電導材料，而且已經使用其開發的常溫超電導材料製造出了「電力儲藏裝置」及「超電導電動車」等一些裝置及系統。結果，發現自己開發的常溫超電導材料，事實上可以應用在各種範圍內，而且確認出現了如原先所預期的性能。同時，有一部分開發出來的商品已經在市場上上市了。

爲了加深讀者的瞭解，接下來爲各位介紹大西先生使用常溫超電導材料開發出來的一些裝置和系統。

## 電力儲藏裝置「RFPS」的劃時代五大優點

因爲超電導材料的電阻爲零，因此超電導最有效的用途，就是先前所說明的當成電力的儲藏裝置來加以利用。

先前已經敘述過，普通的導線當電流流通時會產生電阻，所以會消耗掉電，沒有辦法儲藏電。因此，如果將導線改爲超電導的話，則因爲電阻爲零，即使流通電也不會造成電的流失。所以，如果使用常溫的超電導材料的話，就能夠製造出儲藏電力的裝置。

目前，並沒有能夠儲藏大量電力的裝置。現在的發電設備必須配合電的最大使用容量來製造。我再說一次，像日本八月份高中棒球的甲子園大賽舉辦時，下午使用最大電力。必須要預測當時的使用量，來製作電力公司的發電設備。

如果能夠進行大容量電力的儲存設備，則在電力使用較少的時候儲存多餘的電力，就能夠大幅度減少發電的設備。若能實現的話，就能夠避免電力的浪費，而且不需要重新建發電廠。結果，電費變得便宜，經濟的效果無可計量。因此，期待常溫超電導材料的開發，進而使用在儲存電力的功用上。

開發常溫超電導材料的大西先生，首先開發了電力儲藏裝置「REPS」。「REPS」是取大西先生所命名的Rechargeable Energy Power Sorce（可以充電的電源裝置）的開頭字母，而形成的簡稱。

大西先生開發的常溫超電導材料，也可以做成線圈來使用，但如果要儲存電力的話，不需要使用線圈。「REPS」只要單純地充填常溫超電導材料就夠了。比起製作成線圈使用而言，能夠大幅度降低成本，具有非常大的優點。

使用常溫超電導材料
做成的電儲藏裝置 REPS

電池雖然可以當成電力的儲藏裝置，但是電池的電力儲藏和釋放電力，需要花較長的時間。而且，如果不具有某種程度的電壓就無法充電，電池的儲藏效率也較低。

另一方面，「REPS」則確認具有以下的優點：

①電的儲藏和釋出可以在短時間進行。
②只要一點點的電流及電壓就可以儲藏電。
③只放出必要量的電。不會像普通的蓄電器一次全部放出電。
④電力的儲藏效率非常高。
⑤吸收宇宙能量發電。

由此可知，「ＲＥＰＳ」是非常優良的電力儲藏裝置。而關於第⑤項方面，是非常重要的情報，稍後爲各位詳細說明。

此外，叙述一下「ＲＥＰＳ」的大小和電氣儲藏量，直徑七公分、長十四公分的圓筒狀的大小，電氣儲藏量爲一千五百Ｆ，直徑十一公分、長十四公分的大小，電氣儲藏量爲三千Ｆ。Ｆ是法拉，是電容量的單位。

能儲藏小容量電的裝置是蓄電器。而蓄電氣的儲藏容量以Ｆ（法拉）的表示太大，因此通常都是以μＦ（微法拉）來表示。μＦ是Ｆ的一百萬分之一的容量。

直徑十一公分、長十四公分的「ＲＥＰＳ」的電儲藏容量爲三千Ｆ的話，則普通十二伏特或六伏特的電池（蓄電池）的蓄電量以法拉來看，是三千到五千Ｆ。因此，「ＲＥＰＳ」的電儲藏裝置具有實用的電儲藏容量。而如果需要更大的電容量的時候，則可以製作更大的「ＲＥＰＳ」或增加「ＲＥＰＳ」的數目。

大西先生開發出具有這些優良特點的「ＲＥＰＳ」，同時使用了「ＲＥＰＳ」開發了一些系統，接下來為各位介紹一下。

## 使電費為零的超電導太陽能發電系統

「ＲＥＰＳ」主要是儲藏電的裝置，而且只需要低電壓就可以儲藏電。因此，如果和太陽能電池組合的話，可以形成有效的發電系統。

與普通的太陽能發電系統的不同處，就是現在的太陽能發電系統在沒有陽光的情況下，就無法發電。但是，使用「ＲＥＰＳ」的太陽能系統，即使在陰天，只要一點點的亮度，就能夠將太陽能轉換為電能儲藏起來。

電容量不同的REPS

如左圖所示，在「REPS」上連接太陽能電池、兩個普通電池、自動續電器、變電器，製作這種系統裝置，就能夠儲存一般家庭用的電力。

這個系統需要兩個電池，使用一邊的電池時，另一邊的電池具有充電的構造。要切換的話，可以自動地由續電器來進行。此外，變電器則是利用太陽能系統發電的直流電，將其變換爲一般家庭所使用的交流電的裝置。

一般而言，太陽能發電在沒有陽光時就無法發電，但是大西先生所開發的「REPS」發電系統，除了半夜以外，隨時都可以發電。在半夜無法發電，短時間內利用充電的電池電力就足夠了。

因此，一個家庭的電力根本不需要使用到電力公司所提供的電力，只要藉著使用「REPS」的超電導太陽能發電系統就足夠了。

**常溫超電導**
**太陽能發電系統**

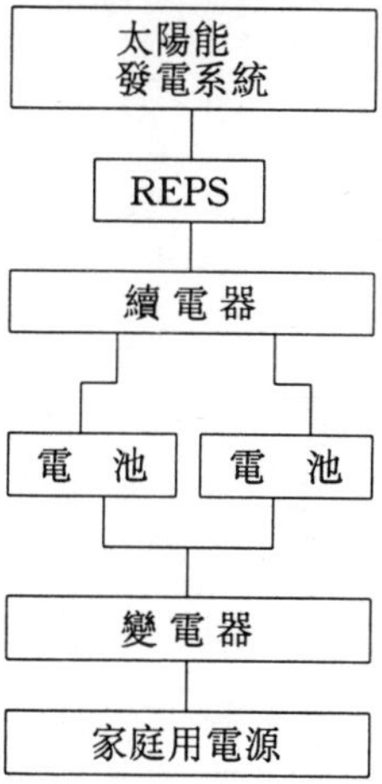


而如果每個家庭都在家中裝設一臺這個系統的話，就不需要付電費，而且完全不需要使用利用石油或核能發電的電力，非常地乾淨，可以說是劃時代的發電系統。

當然，最理想的方法就是在各個家庭中裝設這種裝置，但是，一個家庭要設置的話成本較高，最好是由數十到數百家結合起來形成發電系統。而大西先生也開發了這一類的發電系統。

這種系統是使用一個中央中心發電，將電力送到各個家庭用的電池中充電。各家庭擁有數個電池，當電池沒有電力時候，可以再由中央中心充電。例如，現在有些家庭使用燈油取暖，只要把燈油的配送想成是電池的配送就可以了。

這個超電導太陽能發電系統計劃正在進行中，目前在千葉縣的富浦具有三百千瓦的規模，而集落發電系統在長野縣的戶倉大約有八十家，具有兩百千瓦的規模系統。這類的系統由國家拿出設備費用三分之二的補助金，而個人只要負擔剩下的三分之一就夠了。

## 輕量且強力的超電導馬達

大西先生也使用常溫超電導材料開發了馬達。這個馬達因爲使用了常溫超電導材料，所以小型、輕量，只要利用低電壓就能產生強大的力量、消耗電力較少、沒有噪音，具有很多的優點。

大西先生使用這個馬達開發出電動車以及太陽能電動船。

### ◆不知疲累、輕鬆行駛的電動車

在自行車上安裝超電導馬達和小型電池的電動車，可以自己用雙腳騎著走，也可以利用電動的方式前進。自行車在爬坡以及覺得疲累的時候，騎起來非常辛苦，但是這時候利用電動的方式使其自行前進，就非常輕鬆了。這種自行車在踩踏板的時候轉距感應器就能發揮作用，而按下開關。

速度的設計是時速絕對不會超過十五公里以上，因此，即使沒有駕照也可以使用。

此外，電池的持久力在一次充電（十五到三十分鐘）後，可以奔馳五到六小時。大西先生說不久後將會發售這種自行車。

常溫超電導馬達

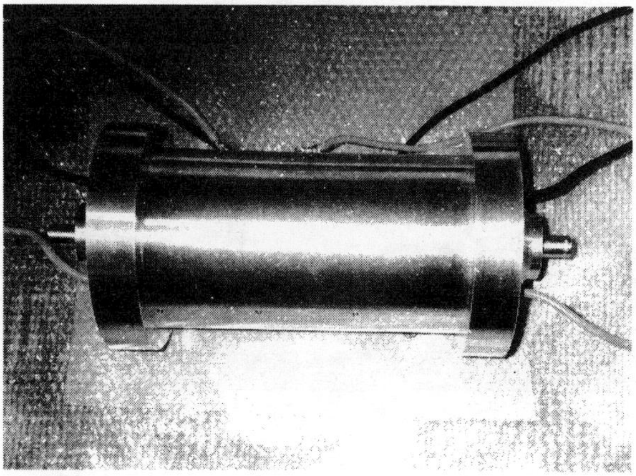

使用超電導馬達的電動自行車

大西義弘試作的
常溫超電導太陽能電動船

### ◆卽使在陰天也可以使用的太陽能電動船

這是在船上安裝超電導馬達以及太陽能發電機，利用太陽能爲電源，以電動的方式行駛的船。

這個船搭載先前所介紹的太陽能發電系統，即使在陰天也能夠發電行駛。而馬達是超電導馬達，因此它有小型、驅動力極強、無噪音等很多的優點。試作的太陽能電動船深受好評，大西先生準備最近要發售這種船。

## 節省能源、能增進健康的超電導面狀加熱系統

大西先生專門開發新素材，但是不只是超電導材料的開發，也開發了許多優良的素材。

一般所稱的遠紅外線陶瓷，就是能夠產生能源的陶瓷，它所產生的能源能增進健康，促進植物或魚類的成長，使得蔬菜和食物保持鮮度。

陶瓷會產生一些遠紅外線，因此捕捉遠紅外線所製造出來的產物，就是遠紅外線陶瓷。但先前所叙述的各種效果，不光只是由遠紅外線造成的，陶瓷本身確認可以強力放射出科學無法完全檢測出來的宇宙能量。遠紅外線陶瓷大部分的效果是來

自於科學無法檢測出來的宇宙能量。關於宇宙能量，在後章會爲各位說明。

因此，應該將遠紅外線陶瓷稱爲宇宙能量陶瓷。當然，遠紅外線陶瓷不可能一直放射出能量。半減期雖然非常地長，但是能量的強度會慢慢地衰退。

大西先生檢查遠紅外線陶瓷的缺點，努力地研究之後，克服了這些缺點，現在已經成功地開發出能量幾乎不會減少的遠紅外線陶瓷。

大西先生利用陶瓷和超電導材料開發出了面狀加熱器。面狀加熱器在低溫度領域的電阻較小，電流能充分流通，但是當溫度上升時，電阻慢慢增大，到達一定溫度時，面狀加熱器的電阻急速增加，電就無法流通了。

所以，大西先生所開發的超電導面狀加熱器，能夠自行調節溫度，與以往的發熱體比較，具有以下的優點：

- 不需要恆溫器等複雜的溫度控制機能，因而不會因爲控制裝置故障而發生火災。
- 消耗電力較少。比起以往的產品而言，可以減少百分之六十以上。
- 價格低廉。
- 製作出面積較廣的面狀加熱器。

・即使泡水也無妨，非常安全。
・具有遠紅外線（宇宙能量）的增進健康效果。

由此可知，大西先生所開發的超電導面狀加熱器非常地好。

這個超電導面狀加熱器消耗電力非常地少，而且其使用的電力如果能替換爲乾淨的能源，就會成爲無公害的系統。於是大西先生苦心研究之後，將超電導面狀加熱器和前述利用太陽能的超電導發電系統組合起來，開發了「超電導太陽能發電面狀加熱器系統」。

「超電導太陽能發電面狀加熱器系統」不需要利用一般的電力，使用乾淨能源，是不需要能源成本的裝置系統。在屋外使用時，例如設置在道路上就不會積雪，在屋內則可以當成

常溫超電導面狀加熱器系統

常溫超電導電動車的系統

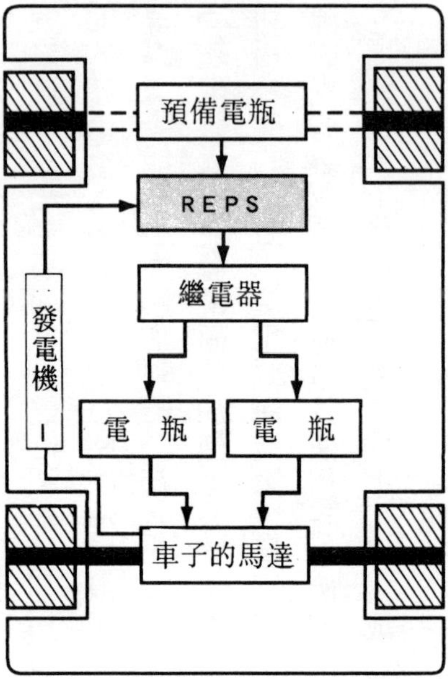


使用面積廣泛的暖氣來使用。

根據大西先生說，決定在一九九八年舉辦冬季奧運會時，在長野奧運設施的道路上使用這種「超電導太陽能發電面狀加熱器系統」。

## 不需要充電的超電導電動車

此外，大西先生認爲使用「REPS」的充電系統，能夠適用在汽車上。已經成功地開發出不需要利用外部補給能源，就能夠持續奔馳的電動車。

目前開發出來的電動車具有蓄電池重量過重、需要經常充電、充電需要花較長時間等等的缺點。

但是，大西先生所開發出來的超電導電動車，車體的重量較輕，只要最初的充電之後，以後幾乎不需要再充電了。可以說是具有劃時代優點的汽車。

這個超電導電動車的能源部分的系統如右圖所示。

此外，汽車的作動系統如下。

最初充電的兩個電瓶（蓄電池）運轉車子的馬達，驅動車子，當車子馬達運轉時，發電機作動發電。發電機製造出來的電充電於「ＲＥＰＳ」中。

電瓶有兩個，只使用其中的一個使車子的馬達運轉。而沒有使用的另一個電瓶，如果在電消耗的狀況下，可以由「ＲＥＰＳ」充電，經常保持飽和狀態。使用中的電瓶容量到達某個數字以下時，則由繼電器發揮作用，切換所使用的電瓶。

車輛奔馳時利用這些裝置，利用發電機發電產生的電力，當然會比電瓶消耗的電力更少。當車輛持續奔馳時，必須由外部補充能源。所以說如果光靠這個系統的話，車子不可能一直持續奔馳。

然而不可思議的，就是雖然沒有由外部以人爲方式補充能源，但是光靠這個系統就能夠使車子持續奔馳。那麼，爲什麼不需要由外部補充能源，汽車還能夠持續地奔馳呢？理由爲各位說明如下。

## 能夠一直奔馳的「ＲＥＰＳ」搭載超電導電動車

先前曾經敘述過「ＲＥＰＳ」能吸收宇宙能量，所以汽車能夠持續奔馳的原因之一，就在於「REPS」發揮了這個機能。

此外，車子的奔馳能夠使得發電機發電。關於這兩點，稍微說明如下。

## ◆吸收宇宙能量的「REPS」

用常溫超電導材料作成的「REPS」，能夠由空間吸取能量而發電。

我們周圍的空間充滿著現代科學無法檢測出來的超微粒子的宇宙能量，如果大量聚集的話，就能產生電。因此，我在『宇宙能量的超革命』、『地球文明的超革命』等書中都已經說明過。在我們周圍的空間，存在著無窮盡且能夠代替石油及核能的「乾淨、安全、免費」的理想能源。

「REPS」所吸收的能源，就是這個宇宙能量。

大西先生說「REPS」充電以後儲藏量減少時，就能吸收空間的宇宙能量，自然充電到某種程度的電力。

關於這一點，經由將「REPS」完全放電放任不管，卻能自然恢復百分之十的電力就可以證明了。將「REPS」借給大型橡膠廠使用，當時進行測試的研究者就確認了這個現象。

此外，當「REPS」從充電狀態開始放電時，「REPS」的電壓會暫時上升。由此可知，「REPS」的吸收宇宙能量，並不是說在完全放電的狀態下才會出現，而是「REPS」不斷有電的出入，進行宇宙能量的吸收。

由此可知，大西先生所開發的「REPS」，即使不由外部以人爲的方式補給能源，當儲藏電量減少的時候，具有能夠從空間自然吸收宇宙能量的發電機能。「REPS」從空間自然吸收宇宙能量的發電量，整體而言只達百分之十左右，並不是非常地多。

但是，「REPS」的電儲藏容量的百分之十左右，也就是說常溫超電導材料能夠吸收宇宙能量的發電現象，是非常重大的發現。

因爲這個現象，證明了以往我所主張的以下事實。

①在我們周遭的空間充滿了宇宙能量。

②吸收宇宙能量就能形成電。

總之，電阻爲零的常溫超電導材料，能夠由空間吸收宇宙能量而形成電。這可以說是常溫超電導材料全新性質的大發現。

此外，先前也敘述過，將「REPS」放任不管，吸收宇宙能量的發電量較少。而大西先生說「REPS」的電出入頻繁進行，或者是將「REPS」擱置在磁場產生劇烈變化的空間時，則利用吸收宇宙能量而產生的發電量會大量增加。

現在大西先生還在研究開發不使用太陽能發電系統，而光利用電磁場的變化，使得「REPS」充電的方法。一旦完成的話，就能夠形成完美的發電機。

## ◆利用慣性也能吸收宇宙能量成爲電

汽車有發電機裝置，而發電機又分爲直流發電機與交流發電機。這是利用汽車引擎運轉力的發電裝置。

一般的汽車利用發電機發電的電力，會儲藏在電瓶中，用來啓動引擎或是打亮燈，以及當成汽車音響或空調設備的電源來使用。

以前的汽車安裝直流發電機，而最近的汽車由於技術進步，而搭載了效率較佳的交流發電機（雖然利用交流發電，但是卻能變換爲直流電而取出）。

一般車子的發電機與引擎的旋轉軸之間相連，而大西先生所開發的超電導電動車，其發電機與驅動輪之間的馬達相連。

超電導電動車利用發電機發電的電，充電於「REPS」。而「REPS」的電儲存在電瓶內，當成啓動汽車的主電能源來使用。

先前也說明過，超電導電動車不需要由外界以人爲的方式補充能源，就能夠奔馳。所以，汽車能夠持續奔馳。

驅動超電導電動車的能源，全都是儲存於「REPS」的電。而超電導電動車能夠持續奔馳的理由，就是因爲在「REPS」中儲存的電能比車子所消耗的能源更多。這時儲存於「REPS」中的電，分爲以下兩種：

①從空間自然吸收宇宙能量而發電的電。

②由發電機發電的電。

根據大西先生說，①只佔整體的百分之十，並不多。所以，儲存於「REPS」大部分的電都是來自於②。

超電導電動車上安裝的發電機並不特別，就是一般的發電機。但是，利用這個發電機所產生的發電量比一般所想像的更大。

一般車子的發電機與電瓶直接連結，利用發電機所產生的電儲存於電瓶中，電瓶在飽和狀態下的話，就不會再儲存電而會放電。通常電瓶都是達到飽和狀態，但是發電機製造出來的電不會被儲存下來，而會被釋放掉，形成一種浪費。

而超電導電動車的發電機與「REPS」直接相連，因而發電機發電產生的電，幾乎完全不浪費，而儲存於「REPS」中。所以，蓄電效率幾乎達到百分之百。

但是，利用發電機發電的電，如果全部都儲存在「REPS」中，也不能用來說明這就是不需要以人爲的方式補充能源，而電動車能夠奔馳的原因。

車子能夠持續奔馳的最大因素，就在於流入的能源比車子行駛所消耗的能源更大。「REPS」能夠自然地吸收宇宙能量而發電，但是量非常地小。光靠這個能源，超電導汽車不可能一直持續奔馳。

驅動汽車的能源，在汽車實際行駛時消耗能源的同時，有一部分成爲發電機的發電能源回收。

這時，超電導電動車的發電機的發電量，大幅度超乎我們所能估計的。也就是說，重新地吸收了新能源。那麼，這個新能源到底是什麼能源呢?

大西先生說，汽車加速時(踩油門時)與減速時(踩煞車時)所產生的慣性當成能源回收之後，在發電機變換爲電能。

可以把這個慣性，想成是宇宙能量轉換爲力學能量。

也就是說，把慣性當成能源來利用，就好像吸收了宇宙空間的能量來利用一樣。

發電機在汽車加速時和減速時，以慣性的型態吸收了宇宙能量，將其變換爲電能。

因此，超電導電動車能夠一直奔馳。

以前我就一直認爲慣性能夠吸收宇宙能量，因此，利用慣性的話，就可以開發出輸出功率超過輸入功率以上的裝置，而大西先生證明並實踐了我的想法。

這個「吸收慣性成爲電」的情報，是大西先生發現的重大情報。而這個力學說明並不是根據牛頓力學，而是吸收宇宙能量的新力學。

現在的電磁學，可以說是忽略了無窮盡存在於空間，並成爲電基礎的宇宙能量的學問。而現代力學也可以說是忽略了成爲力發生基礎的宇宙能量存在的力學。

總之，現在的電磁學或現代力學並不是完善的學問。因此，一定要認識宇宙能量的存在，電磁學和現代力學也要納入宇宙能量的觀點，才算是完善的學問。

所以，我想大西先生所開發的常溫超電導材料，一定會掀起能源革命以及技術革新，同時也會改變現代科學。大西先生的確開發了偉大的材料與裝置。

## 暗示宇宙能量時代到來的大西義弘的貢獻

大西義弘是世界的先驅，率先開發了常溫超電導材料這種優良的材料，並加以利用研發出「ＲＥＰＳ」電儲藏裝置，以及超電導電動車等裝置。

大西先生的貢獻不只如此而已，發現了常溫超電導材料，能夠從空間中吸收宇宙能量，將其轉換爲電的現象，可以說是劃時代的貢獻。

目前衆人不斷尋求能夠代替造成環境問題關鍵的石油及核能的新能源，它必須是乾淨、安全、便宜的能源。

這個答案就在於無窮盡存在於我們周圍的宇宙能量。但是，現在科學無法認知宇宙能量的存在，到目前爲止我已經寫了很多的書加以說明，可是仍然有很多人無法理解這一點。

自從大西先生開發了常溫超電導材料，因此證明了常溫超電導材料能夠吸收宇宙能量，使其成爲電，以肉眼能夠觀察得到的型態來證明宇宙能量的存在。這可以說是讓以往根本不相信宇宙能量存在的科學家，也能完全瞭解的偉大發明、發現。

由於大西先生開發常溫超電導材料，因此證明了宇宙能量的存在，隨著世界廣泛地認同宇宙能量的存在，相信就會揭開利用宇宙能量的序幕。

由這個意義來看，大西先生的貢獻的確非常偉大！

# 第二章

## 代替石油、核能的宇宙能量

## 解決能源問題及環境問題的宇宙能量

世界面臨嚴重的能源危機。

現在主要的能源是石油、煤等石化燃料以及核能。石化燃料引起了大氣污染、酸雨、二氧化碳，造成地球溫暖化等各種環境問題。而核能發電的安全性和廢棄物的處理問題並沒有解決，所以世界上已經朝向中止核能發電的方向移動。

由此可知，石化燃料或核能並不是好的能源，可是因爲沒有發現能夠取代的理想能源，人類不得不依賴石化燃料及核能，這可以說是世界能源的現狀。

前章已經說明過，人類的夢想的常溫超電導材料，已經由大西義弘先生開發出來了。這個新技術的開發，在今後的電力產業、電機產業、汽車產業、電腦產業等各方面的產業，都會掀起技術革新。

在這許多產業當中，受到常溫超電導材料開發影響最大的，就是電力產業。如果能使用利用常溫超電導材料的電力儲藏裝置，以及大容量的送電纜，就能夠大幅度減少電力的損失，同時也不需要興建新的發電廠。

不像以往一樣會造成電力的損失，同時能夠儲藏電力，只要發電必要的電力就夠了，因此發電時所使用的石化燃料，使用量可大幅度減少。

但是，使用常溫超電導材料雖然能夠減少目前不斷流失的能源，卻還是無法根本解決能源問題。如果電力公司仍然使用石化燃料或核能發電的話，無法解決目前嚴重的環境問題。

那麼，是否有能夠取代石油、煤等石化燃料或能源的理想能源呢？要取代石化燃料和核能的能源條件，首先是乾淨，其次就是安全的能源，而且必須是廉價的、無窮無盡地存在。

現在的代替能源就是太陽能、風力、地熱、波力、氫等，不過這些都無法滿足先前叙述的條件，雖然能夠成爲一部分的替代能源，卻沒有辦法成爲主要的能源。

那麼是否存在著主要的替代能源呢？答案爲「是的」。這個能源就是前章曾經探討過的「宇宙能量」。

關於宇宙能量，相信有很多人都知道了吧！不過，還有更多的人是看了本書以後才知道有這種物質存在。

我認爲今後二十一世紀將是利用宇宙能量的時代，將可以利用宇宙能量代替石油或核能。因此，本章簡單明瞭地爲不瞭解宇宙能量的人，說明宇宙能量到底是何種能量，以及開發的狀態。

對於已經瞭解宇宙能量的人，希望能夠藉著閱讀本章，加深瞭解。

## 充滿宇宙空間的超微粒子、宇宙能量

宇宙能量到底是何種能量呢？

如果要簡單地說明宇宙能量的話，那就是「無窮盡存在於我們周圍空間的超微粒子的能量」。在我們周圍的空間存在著空氣和物質，而去除空氣和物質之後，就是眞空的空間，宇宙能量就是存在於眞空中的能量。

舉個身邊的例子，最近電視上經常報導，一般大衆也承認其存在的氣功的氣能量。

氣能量就是人類從我們周圍的空間所取出的一種能量，也就是一種宇宙能量。

宇宙能量是超微粒子，而超微粒子具有波動的性質，因此，我們可以將宇宙能量視爲是「超高振動數的波動」。總之，宇宙能量是粒子也是波動。

宇宙能量不僅無窮盡地存在於我們周圍的空間，而且它乾淨、安全、完全免費，可以說是「理想的能源」。

## 現代科學無法檢測宇宙能量的理由

儘管現代科學高度發達（？），但是爲什麼卻無法察覺到無窮盡存在於我們周圍空間的眞空中宇宙能量的存在呢？

簡單地說是因爲宇宙能量的粒子太小，所以以現代科學的測定手段無法測定。研究構成物質的電子、質子及中子等素粒子的學問，稱爲核物理學。核物理學是使用大型粒子加速器裝置研究超微粒子的素粒子。現在世界上性能最佳的大型粒子加速器，能夠檢知的最小粒子的大小是一公分的十億分之一的十億分之一，也就是十的負十八次方公分。這是現代科學最小檢測的界限。

因此，宇宙能量是在現代科學檢測界限以下的超微粒子。

關於宇宙能量，我想附帶說明的就是宇宙能量不只一種，存在著大小不同的多種類的宇宙能量。此外，宇宙能量通常是以陰與陽，或是正與負一對的方式存在的。一對陰與陽的粒子存在時，電的性質爲中性，電爲中性時，宇宙能量沒有辦法以科學的方式檢測出來。

宇宙能量基本上是在科學測定機器的檢測界限以下的超微粒子，而且因爲電是中性的，所以以科學的方式無法檢測出來，因此，現代科學無法察覺到其存在。

宇宙能量的一種，氣功的氣能量的存在，已經受到一般大衆的認同了，但是科學還是無法以科學的方式來檢測氣能量。

## 眞空是能量的寶庫

宇宙能量存在於我們周圍空間的眞空中，那麼現代科學對於眞空的空間應該是如何加以掌握的呢？

在此簡單地追溯一下科學掌握眞空的歷史，來瞭解現代科學是如何掌握眞空現象。

十七世紀時，有一位荷蘭的科學家霍漢斯，確立了光是波的光波動理論。大家也知道光在眞空中也能夠傳導，而爲了能夠傳導波，需要能夠加以傳導的物質（稱爲介質）。例如音是波，但是如果沒有空氣當成介質的話，就無法傳導。因此，霍漢斯有了以下的想法。

「光是波動，如果能在眞空中傳導的話，那麼表示眞空中有能夠傳導光的超微粒子的物質。我就把這個超微粒子命名爲以太（ether）。」

因此，當霍漢斯確立光的波動理論之後，科學也朝前邁進了一大步，認爲在眞空中有「以太」超微粒子存在。

到了十九世紀時，英國的法拉第和馬克斯威爾確立了電磁學。馬克斯威爾以數學的方程式表示電磁學，同時證明光是電磁波的一種，可以用光速來傳導電磁波。電磁波也能夠在眞空中傳導，所以確定光也是電磁波的一種。但是在科學家之間卻開始討論眞空中是否眞的存在以往假設會傳導光的電磁波的「以太」超微粒子。

於是到了十九世紀後半期，許多的科學家開始進行各種實驗，希望能夠確認眞空中以太的存在。其中最著名的就是麥凱森和莫里的實驗。他們製造精密的裝置，改

**麥凱森、莫里的實驗裝置圖**

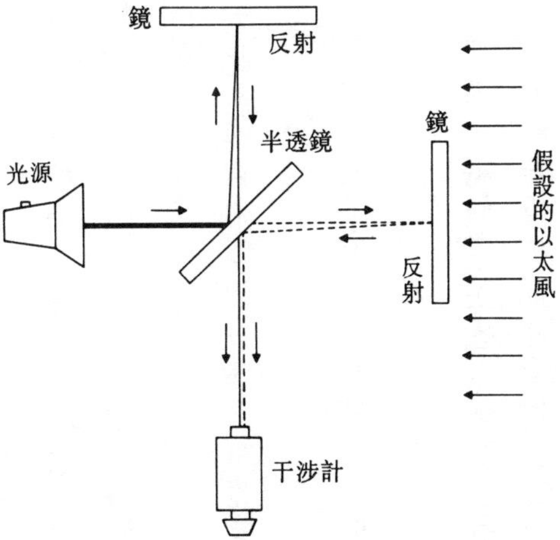


光源發出的光分爲利用半透鏡直徑的光，以及呈九十度角反射的光。各種光經由鏡子的反射進入干涉計。如果靜止的以太存在的話，因爲地球會動，所以干涉計可以測定到以太風。

變場所和時間，並進行了許多次的實驗，結果還是沒有辦法檢測以太的存在。而其他研究者的實驗結果也大致相同。

因此，他們的結論是原本在眞空中應該存在的以太超微粒子，實際上根本不存在。雖然眞空中眞的存在以太或是稱爲宇宙能量的超微粒子，但是一百年前的科學家卻沒有檢測出來，因此，造成以後的科學以錯誤的結論爲基礎而發展。

雖然否定以太存在，但是光會在眞空中傳導，因此需要有不需要以太介質光能在眞空中傳達的理論，這時大家想出的就是愛因斯坦的相對論。

愛因斯坦認爲光是波動，具有稱爲光子的粒子性質。光在眞空中是由光子傳達。

提出相對論的愛因斯坦

愛因斯坦發表相對論之後，將眞空定義爲無的空間的科學不斷地發展。但是，後來許多的實驗證明了眞空中並不是眞的什麼都沒有的空間。

例如，在眞空中照射強烈的 $\gamma$ 射線時，產生電子和質子成對從眞空中飛出的現象。這就證明了眞空並不是無的空間。

根據後來的研究，現在物理學對於眞空做出以下的定義。

「眞空是素粒子和反素粒子成爲一對塡塞的空間。但是，沒有辦法檢測素粒子與反素粒子成對的狀態。」

總之，現代科學雖然否定眞空中有命名爲以太的超微粒子的存在，但是根據後來的實驗結果，現在以含混的說法承認了眞空中的能量之存在。

我曾經請敎東大的糸川英夫名譽敎授，關於眞空中能量存在的問題。他的回答是：「在眞空中充滿著能量是一般的常識，但是要取出能量很困難。」而東京都立大學理學部的廣瀨立成物理學敎授也做了同樣的回答。這就是現代科學家對於眞空的想法。

**在眞空中的電子和陽電子的生成與消滅**

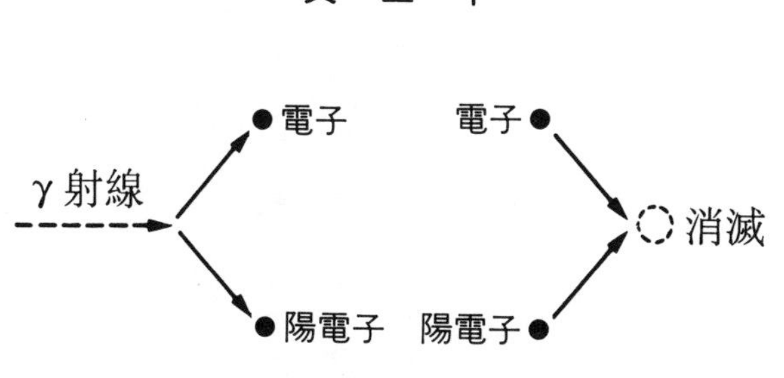


在真空中利用γ等給與能量時，電子及其反粒子陽電子生成一對。

電子與陽電子相遇時會消滅而形成能量。

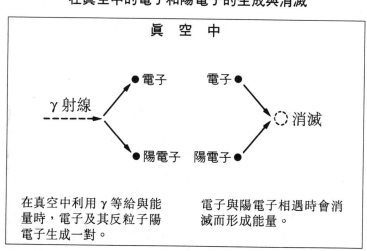

也就是說，現代科學根據麥凱森和莫里的實驗，曾經否定了眞空中有以太這種超微粒子存在，但是後來根據研究發現這是錯誤的想法，因此，用另外一種表現承認眞空中有能量的存在。

我認爲這個眞空中的超微粒子就是宇宙能量。

但是，現在的科學常識，認爲如果不用大型粒子加速器的高能量線照射的話，無法取出眞空中的能量。正如糸川英夫名譽敎授所說的，要取出眞空中的能量並加以利用是非常困難的事情，所以現在一般科學家認爲眞空中的能量無法當成能源而取出。

稍後會爲各位說明，要取出眞空中的能量並不像科學家所說的那麼困難，只要花點工夫，就能當成生活的能源來利用。

## 氣功的「氣」也是宇宙能量

具有以上性質能量的總稱就是「宇宙能量」。它除了宇宙能量之外，還有其他各種的名稱。在此爲各位介紹一下宇宙能量的別稱。

除了宇宙能量之外，經常使用的就是自由能量，在國外經常使用這種說法。自由除了「自由」的意義以外，還有「免費」的意思。但是，自由能量在現代科學的熱力學上，是以別的定義在教科書上使用，所以不算是適當的用語。因此，我儘量不使用自由能量這樣的說法。

此外，還有其它的稱呼，像氣功的氣能量、瑜伽的普拉納、空間能量、眞空能量、零點能量、虛能量、生物體能量、精神能量、高次元能量、金字塔能量、以太、重力場能量等都是。

依研究者和開發者的不同，有各種不同的稱呼。爲了避免混亂，希望今後能夠使用統一的名稱。

宇宙能量不只存在於眞空中，也可以說是構成物質等宇宙所有一切的根源能量，統一名稱應該是宇宙的根源能量，因此，我認爲稱呼它爲「宇宙能量」應該比較適合。

## 到目前爲止開發出來的宇宙能量發電機

先前所敘述的大西義弘先生，發現如果放任自己所開發出來的常溫超電導材料不管的話，也能夠吸收空間的宇宙能量而發電。這也證明了在空間中存在著科學無法認知的宇宙能量，宇宙能量能夠轉換爲電能。總之，證明了可以從空間中取得電。

從空間中取出宇宙能量發電的發電機，稱爲「宇宙能量發電機」。以現代科學的觀點來看，就是「輸出功率比輸入功率大，或即使不輸入功率也能輸出功率的發電機」。

輸出功率比輸入功率大，這是違反能量保存法則的想法。現代科學基於違反能量保存法則的理由，而不承認這種發電機。但是，這是因爲現代科學根本沒有察覺到宇宙能量的存在。如果考慮到宇宙能量的存在，則能量保存的法則仍然能夠成立，不會違反法則。

現代科學無法察覺其存在而不認同的宇宙能量，事實上在一百年前，天才科學家尼可拉提斯拉就已經察覺到了空間能量的存在，而且成功地開發出取出宇宙能量的裝置。稍後爲各位說明，尼可拉提斯拉以後，亨利莫雷、艾德溫葛雷、約翰沙爾等許多的科學家都成功地開發出輸出功率比輸入功率更大的宇宙能量發電機。

但是，開發裝置並沒有普及於世間，沒有普及的理由是因爲一旦這些裝置在社會上普及的話，對於某些勢力而言會造成經濟上的阻礙，因此，極力阻擋這一類發明的普及。

宇宙能量發電機的能量，是能夠由空間中無窮盡地取得的能量，因此是免費的。而成本只有裝置費及維修費而已，如果這種裝置在世間普及的話，對於以煤、石油產業或電力產業等能源做爲賺錢生意的人而言，當然會深受打擊。

現在世界的經濟與政治是由稱爲「影子世界政府」的少數巨大財閥勢力所驅動，這是公開的秘密。而這些勢力不僅掌握世界的金融、糧食、大衆傳播媒體等，同時也一手掌握世界的能源，隨心所欲地驅動整個世界。

如果說能源成本只需要花裝置費和維持費就夠了的宇宙能量發電機在社會上普及的話，則掌握世界石油和鈾等能源的勢力，在經濟上當然會遭受嚴重的打擊。能源支配勢力害怕這些事態發生，因此，以往爲了避免宇宙能量發電機的普及，不斷注意世界上宇宙能量的開發狀況。每當宇宙能量開發出來打算普及時，在還沒有普及的時候，就從各方面加以制止。

因此，雖然宇宙能量發電機在一百年前就有許多人開發出來，但是卻被一些勢力阻止，而沒有辦法普及。所以，宇宙能量發電機開發的歷史，可以說是受阻而無法登上舞臺的壓抑歷史。

那麼，到目前爲止到底有哪些人？又是以何種方法開發出宇宙能量發電機呢？

爲各位敘述一下。

**◆宇宙能量開發的先驅者，天才尼可拉提斯拉**

開發取出宇宙能量裝置的先驅者尼可拉提斯拉（一八五六年——一九四三年）。是出身於南斯拉夫的克羅埃西亞共和國。

與愛迪生是同一時代的人，愛迪生是努力型的有名發明大王，而尼可拉提斯拉則是天才型的科學家，儘管擁有偉大的發明，但是卻沒有人知道他。

尼可拉提斯拉曾和愛迪生一起共事，但是兩人則因爲性格的差距而關係不太好。

現在在世界上普及的交流發電機和交流系統，就是尼可拉提斯拉開發出來的。尼可拉提斯拉在孩提時代，曾親眼目睹到一顆小雪球從坡地上滾下來，霎時成爲巨大雪球的情景，因此他覺得：「在自然中充滿著某種能量」。

長大成人以後，這個記憶仍然殘留著，因而致力於研發能夠取出潛藏於自然中的巨大能量的裝置，這個裝置就是「增幅送電機」。是使用提斯拉開發的提斯拉特殊線圈，以無線的方式傳送電的裝置。而用無線的方式傳送的過程中，與空間的宇宙能量共振，吸收宇宙能量使能量增幅而傳送電，可以說是劃時代的裝置。

提斯拉建造巨大的提斯拉線圈塔進行送電實驗，在距離四十公里以上的地方接收電，成功地點亮了五十瓦的白熾燈泡兩百個。

這個裝置是接受摩根財閥的資金援助而開發的，但是因爲能夠免費從空中取得電的裝置，對於電力產業界而言，根本沒有任何的好處，因此切斷了資金的援助。

結果，增幅送電機並沒有普及於整個世界就被埋葬了。

在此介紹一下，現在研究宇宙能量及超科學武器等，以歐美爲主積極進行利用宇宙能量的啓蒙工作的美國湯瑪斯博丁工學家，對於宇宙能量和尼可拉提斯拉的叙述。

「眞空中確實存在宇宙能量。這個能量

發明增幅送電機的尼可拉提斯拉

不會燃燒燃料，形成大氣污染，也不用擔心產生核廢料的問題，是不會留在任何的害處的能量。能夠從大氣的眞空中無窮盡地取出。

尼可拉提斯拉從空間中取出無公害的宇宙能量，想要供給世界。但是，他的努力全都被拒絕了。提斯拉發明了交流發電機和交流系統等，可以說是電的二十世紀功勞者。如果給與他充分的評價，就能夠得到廉價的能源。

我在學會中發表很多眞空中能量的理論（無向量波理論），如果提斯拉之增幅送電機的構造實用化的話，則不需要安裝儀器也可以省下電費，只要安裝天線和接頭，就可以得到廉價、豐富的電。

因此，權力阻礙了提斯拉的研究，沒有辦法實現廉價且乾淨電力的普及化，我們應該多瞭解偉大發明家提斯拉的心聲。

他不需要使用任何的電流就能夠點亮電燈泡，眞是偉大的天才。如果能夠繼續擁有財閥資金的援助，將增幅送電機實用化的話，現代科學將會進步一百年。

提斯拉的增幅送電機受到挫折後的八十年，在本世紀初期才發現他的發明。我們落後了一百年。尼可拉提斯拉實在是非常偉大的科學家。」

提斯拉所開發的提斯拉線圈，具有「共振迴路」以及「火花放電」的特殊變壓器。而這個「共振迴路」和「火花放電」具有吸收宇宙能量的作用，因此，提斯拉之後的宇宙能量裝置開發者，大都利用這個原理。

由此可知，尼可拉提斯拉可以說是宇宙能量開發的先驅者，對後來的研究者而言，他堪稱為「宇宙能量開發之父」。

### ◆從空間中取出五萬瓦電力的亨利莫雷

繼尼可拉提斯拉之後，很多研究者進行宇宙能量裝置的研究開發。美國的亨利莫雷（一八九二—一九七二年）也是其中之一。

身為尼可拉提斯拉熱烈信奉者的莫雷，從少年時期就開始研究，十八歲時成功地從無電源的地中取得電，點亮了小形的弧光燈。後來莫雷察覺到這個電可能來自於空間，因此，進行了從空間中取得電的研究。

莫雷到瑞典留學時，得到了稱為「瑞典石」和「莫雷管」的神奇礦物，他將其當成零件的一部分來使用，開發出次頁圖片所示的箱形能源產生裝置。

這個裝置是由天線、莫雷管、電容器、眞空管、變壓器、接地線以及其他零件所構成，並沒有電源以及驅動電源的部分。在一九三八年時，利用約八十公分的天線，成功地點亮了二十個一百五十瓦的電燈泡，以及十五個一百瓦的電燈泡，同時

亨利莫雷與其開發的裝置

成功地驅動了一千瓦的熨斗和馬達。結果，總共成功地產生了五萬瓦以上的電力。

根據莫雷說，這個裝置是利用以下的原理發電的。

空間中充滿由宇宙送來的能量（宇宙能量），透過天線吸收這些能量，把莫雷管當成檢波器使用，只取出特定波長的能量，使其與共振器的諧振而增幅。增幅的電再送入次級的增幅裝置增幅，送入共振迴路。陸續連接將近三十級的能量增幅升壓送進迴路，在最終段時產生五萬瓦以上的電力。

當時的科學家不相信從空間中可以取得五萬瓦的電，而莫雷自己也沒有辦法以科學的方式來說明這個裝置的原理，因此有些人懷疑他欺騙大衆，完全不相信。當時的科學家如此，而現代的科學家仍然表現出同樣的態度。

如果用手碰觸這個裝置的天線時，電燈就會熄滅，因此最初的能量的確是經由天線流入的。也就是說，需要最初的輸入功率能量。但是，整個裝置的重點就在於增幅多段能量的共振迴路。

莫雷所開發的箱形發電機沒有電源，也沒有馬達等可以轉動的部分，但是這個裝置卻受到龐大勢力的阻礙，沒有辦法普及於社會，結果無疾而終。

**◆艾德溫葛雷所開發的「輸出功率大於輸入功率」的馬達**

艾德溫葛雷（一九二五年—？）開發了旋轉型的宇宙能量發電機。這是比較接近於現代的開發。

葛雷在一九六〇年代初期開始開發，陸續製造了試作機。一九七三年完成了試作四號機，一九七五年完成試作六號機。

這個裝置是利用電瓶當成電源，好像車子引擎一樣利用啓動裝置啓動，旋轉數一分鐘到達五百次左右時，高電壓迴路會作動，旋轉控制部產生火花放電，同時旋轉數上升。在這種狀態時，再生迴路會發生作用，一部分的能量回到電瓶中，電瓶的電源回到最初的狀態，所以電壓不會下降。

簡單地說，就是一開始利用電瓶的電源啓動，當旋轉數上升時，從空間中取得宇宙能量，產生比消耗的能量更多的能量，一部分的電回到電瓶中，因此電瓶中的電力不會減少，反而會成爲產生多餘能量的馬達。

此外，這個裝置的技術在一九七四年導入日本之後，參與試作四號機實際演練的許多日本技術人員，進行運轉中的電瓶電壓的測定，確認了電壓幾乎不會下降。

此外，在日本的宇宙能量開發研究者中著名的井出治先生，於一九七六年前往洛杉磯，參與實際製作六號機。六號機輸入功率一三一〇瓦，輸出功率一五〇〇瓦。

參與盛會的井出說，普通發電機發電之後會變得很熱，但這個「ＥＭＡ馬達」開始

艾德溫葛雷和 EMA 馬達6號機

運轉不久，本體冷卻而形成水滴，這是一般不可能發生的情形。

但是很遺憾的是在一九七六年試作六號機的公開實驗後，開發者艾德溫葛雷和他的家人以及開發資料、裝置都失蹤了。可能是在打算推廣「ＥＭＡ馬達」之前，一些龐大勢力認爲一旦這種馬達普及之後，在經濟上會遭受重大的打擊，因此，世界能源支配勢力爲了防範經濟的打擊於未然，而出手干預吧！

艾德溫葛雷所開發的「ＥＭＡ馬達」，吸收宇宙能量的重點大都在於火花放電部分。

**◆開發飄浮宇宙能量發電機的約翰沙爾**

英國的約翰沙爾（一九三二—）是同時開發宇宙能量和反重力裝置（飄浮圓盤）的人。

他在從事馬達與發電機的工作時，發現當圓盤狀的金屬轉動時，旋轉軸與金屬圓盤的圓周部分會產生一點點的起電力。他想這可能是金屬中的自由電子因爲離心力而朝外彈出所造成的，如果在這個時候能夠蒐集電子的話，應該就可以取得電。後來，他就以這個構造爲主，進行發電機的開發。

沙爾開發的裝置爲圓盤形，具有多重環以及環之間有許多的圓柱狀小磁石轉子組合而成的構造。只有最內側的環固定，而當多重環旋轉時，圓柱狀的磁石轉子會自轉，同時使多重環轉動。

一九五二年沙爾十九歲時，完成了第一號機，和朋友在野外進行實驗，當時產生了驚人的結果。最初利用引擎轉動環和轉子啓動時，旋轉速度較低，但是卻產生了十萬伏特的高電壓。而當旋轉速度上升時，發電機的圓盤與引擎的結合部分被破壞掉，大約飄浮到十五公尺的高度，停留在空中，同時圓盤周圍出現了粉紅色的暈光。

在飄浮的時候並沒有來自外部的能源補充，但是圓盤卻隨著環旋轉速度的上升而上升，最後消失在視野之外。

沙爾後來又做了四十架以上的圓盤型發電機進行實驗，曾有好幾次圓盤浮起後飛走的經驗。

結果，沙爾成功地開發出組合永久磁石的旋轉型宇宙能量發電機和反重力裝置，但是沒有辦法控制裝置。

沙爾和以往的許多開發者一樣，因爲各種的阻礙以及原因不明的火災等資料全都失去了，但是沙爾現在本人還健在，根據情報顯示他還想再度開發。

約翰沙爾近照（橫屋正朗提供）

約翰沙爾的圓盤型發電機以原理來看，只不過是讓多數的永久磁石旋轉而已，所以這個裝置能夠從永久磁石中取出電能，而且使用永久磁石製造出反重力。

此外，南非的巴西爾邦迪巴格技術家只利用永久磁石的組合，就成功地開發出旋轉馬達（發電機）以及反重力裝置。

**◆瑞士的「M－L變頻器」**

現在在實際生活的家庭用電所使用的發電機，就是瑞士的「M－L變頻器」。

「M－L變頻器」是距今約十年前，在瑞士日內瓦郊外林登，大約聚集兩百名基督教徒的一個「梅塔尼塔」團體所開發出來的。開發者是保羅鮑曼等人。

這是利用驅動部分與非驅動的固體零件

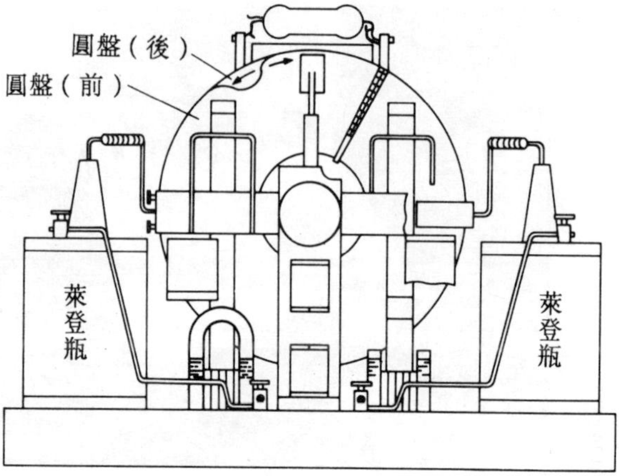


「M—L 變頻器的簡圖」

部分組合而成的宇宙能量發電機。驅動部分是由「靜電產生機」的古老起電機所構成的。起電機將相對的兩片圓盤朝相反方向運轉，會產生靜電。而固體零件部分則是兩個萊登瓶以及裏著線圈的永久磁石、共振迴路所構成的。

利用非接觸的方式從一分鐘旋轉六十次的「靜電產生機」的旋轉圓盤取出電。由靜電產生機所製造出來的靜電導入蓄電器萊登瓶中，同時再導入共振迴路，利用這個部分取得宇宙能量，在電力增加的同時，形成出生活中容易使用的電壓或電流輸出。

將產生電力的一部分當成靜電產生機圓盤運轉用能量回收時，這個裝置就能夠一直產生電。因此，只要用手運轉靜電產生機的圓盤就可以產生最初的輸入功率。

利用「靜電產生機」而產生的電力大約爲二毫安培、七萬伏特。但是，卻可以輸出十三安培、兩百三十伏特，也就是三千瓦的直流電。

根據最近的情報，還製造出大型的裝置，提升輸出功率。

瑞士的「M－L變頻器」吸收宇宙能量的重點，就在於固體零件部分裹著線圈的永久磁石以及共振迴路。

利用靜電產生機所產生的靜電，輸入功率所需要的只是最初的起電力而已。

**◆成功地點亮數百瓦燈泡的「WIN變頻器」**

與亨利莫雷的原理類似，開發宇宙能量發電機的人，就是美國的溫格特朗巴特森。他研發的裝置「WIN變頻器」，是取World Into Neutrino（進入地球中微子之海）的開頭字母而給與的名稱。

這個名稱表示發明者相信裝置所吸收的能量，是來自於充滿在宇宙空間中的能量〔可比擬爲爲中微子（neutrino）〕。

他現年七十三歲，花了二十年的時間開發出這個發電機。

裝置是由天線、電容器、線圈、放電燈泡，以及稱爲壩子的半導體和金屬零件等所構成的。

裝置沒有驅動部分，爲最理想的固體零件型。根據朗巴特森說，這個裝置最大時會產生有輸入功率十倍的輸出功率。目前已經成功地點亮了數百瓦的電燈泡，是實用性很高的裝置。

這個裝置使用天線吸收最初的能量，利用共振迴路以及火花放電，再大量吸收宇宙能量，而轜子的部分也可以吸收宇宙能量。

## ◆許多人著手開發的「N機械」

「N機械」是在距今約一百六十年前，由英國的法拉第所開發出來，基於單極電磁誘導的發電機。它並不是特別新的東西，但最近發現它在某種條件下產生輸出功率大於輸入功率的性質，因此，現在有許多人著手開發。

這個裝置的構造只利用永久磁石和金屬板構成轉子，非常地簡單。

法拉第的單極發電機吸取宇宙能量發電，而發現它具有輸出功率大於輸入功率現象的，則是美國的科學家布魯斯迪帕爾馬。

迪帕爾馬調查單極發電機的效率，發現當運轉數大量提升時，突然輸入功率減少，而出現輸出功率比輸入功率更大的現象。最大值是輸出功率爲輸入功率的五倍。

聽到迪帕爾馬的報告，在印度核能研究所的帕拉馬哈姆沙提瓦里等人追加試驗，終於成功地產生輸出功率大於輸入功率的現象。

但是，由「N機械」所得到的電是低電壓、高電流的直流電，現在就技術面而言，沒有辦法變換爲一般使用的電壓與電流，因此很難實用化。

迪帕爾馬畢業於哈佛大學，在麻省理工學院教書，是正統科學的優秀科學家，可以說是用現代科學武裝的一流科學家，但是他卻進行由空間中取得能量，能使輸出功率大於輸入功率的發電機的研究。

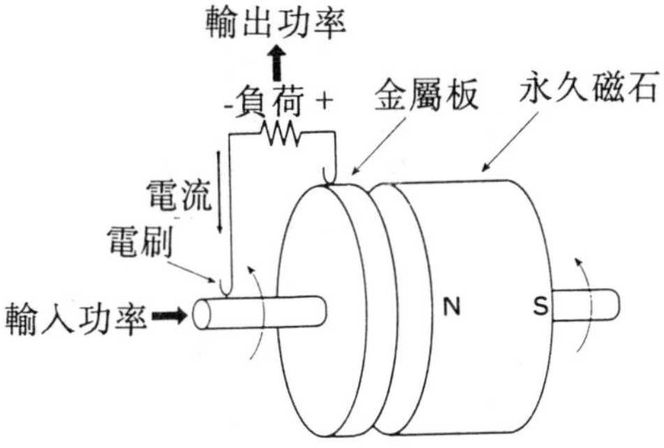


「N機械的作動原理」

也就是說，正統的科學家承認眞空中充滿著能量，這的確是非常有意義的事。

爲什麼呢？因爲從小學到大學接受一流教育的研究者，大都相信現代科學的知識是絕對的，所以根本不願意相信違反現代科學法則，也就是能量保存法則。

我想這個「N機械」輸出功率大於輸入功率

舒馬哈的磁石馬達簡圖

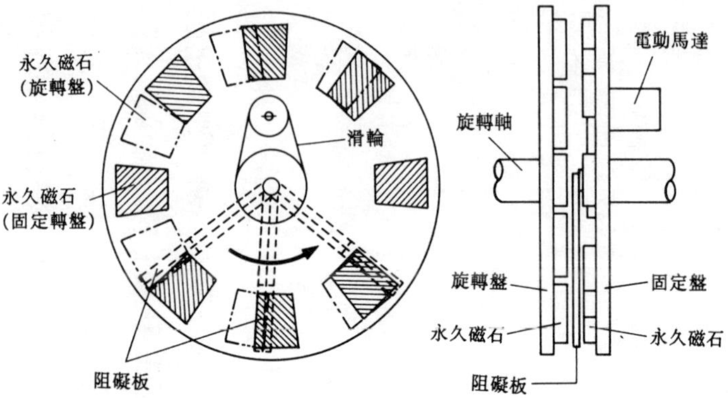


的重點，就在於「永久磁石」以及「旋轉」。利用旋轉取得的宇宙能量，而「N機械」在旋轉數提升時，也會出現超效率（輸出功率大於輸入功率）的現象。

## ◆從永久磁石中取得能量，成功發電的舒馬哈

德國的舒馬哈成功地開發出從永久磁石中取得能量的發電裝置。

舒馬哈的裝置是由埋入永久磁石的兩片圓盤、旋轉的阻礙板、驅動圓盤與阻礙板的馬達和旋轉軸所構成的。

一片圓盤安裝成放射狀的七個永久磁石，圓盤要旋轉，另一個則安裝八個永久磁石，而這個圓盤是固定的。

這個裝置的重點，就是在圓盤和圓盤之間插入阻礙板。當磁石來到相斥的位置時，讓阻

礙板正好旋轉過來，減弱排斥力、增強吸力。利用這個裝置，就可以得到比讓圓盤以及阻礙板旋轉時輸入的能量更大的輸出能量。

這個發電機是利用永久磁石的磁力來代替電力。

## ◆如蒸汽火車一般的特洛伊里德的發電機

美國的特洛伊里德（現年五十三歲），光靠永久磁石的組合就成功地開發出了發電裝置。

此裝置是由曲軸、噴射器、圓盤、四個永久磁石的主要零件所構成的。曲軸的一端各放一個旋轉圓盤，共放兩個。圓盤上則鑲有十六個永久磁石。而與永久磁石對應的，則是在裝置外側安裝固定的十六個永久磁石，高度大約一・五公尺。

啓動裝置利用十二伏特的電池來進行啓動，啓動馬達與曲軸連接，這個裝置最適合的速度約五百轉/分鐘。

到達運轉的高速度時啓動器分離，利用安裝在曲軸另一端的發電機發電。

這個裝置的原理是利用永久磁石排斥力，讓圓盤持續旋轉，同時從永久磁石中取得能量。永久磁石不只會排斥，同時會引起強力的吸引現象。里德在十六個磁石

利用永久磁石的組合而作動的里德馬達
以及開發者特洛伊里德

吸引時，利用噴射器和曲軸的作用，產生抵消吸力的力量，減弱吸力。

里德拍攝了使用這個裝置的錄影帶。錄影帶中播放出用一百一十伏特輸出功率驅動吸塵器、電風扇、鑽孔器等裝置的畫面。

此外，當裝置動作時大圓盤會旋轉，四個曲軸依序如活塞般轉動，看起來好像蒸汽火車一般。

根據實際到美國去看這個裝置的人說：「的確是由永久磁石中取得能量，裝置也是眞的，但是困難點在於輸出功率較低。」

這個裝置也是將永久磁石的磁力轉換爲電力。

**◆開發水燃料車的史丹利梅耶與尤爾布朗**

美國的史丹利梅耶開發出用水就能夠前

進的車子。

雖說是利用水，但並不是燃燒水以代替汽油來使用。大家都知道，水電解之後會形成氫和氧，燃燒電解後所得到的氫和氧就能產生能量。

梅耶所開發的汽車是將水電解之後產生氫與氧，燃燒氫與氧而前進。不過，以目前科學的方法而言，即使燃燒氫和氧，也無法得到龐大的能量，因此，不可能從水中得到能量。

但是，如果能夠利用比理論値更少的能量分解水的話，那麼情況就完全改觀了。事實上，梅耶的確開發了能夠實現這種理想的裝置。

梅耶在稱爲共振空洞器的裝置中，利用高壓脈衝電流分解水。脈衝電流就是切換電源開關流通電的方法，如果快速連續地進行，就能夠形成波動，引起共振。簡單地說，梅耶利用脈衝電流的共振取得宇宙能量，只要一點點的電力就能夠使水電解。

不管哪一種水都可以使用，但是發現如果使用自來水、海水或雨水，比使用純水的效率更高。

梅耶經由十五年以上的時間進行這項開發，申請了許多的專利。而最近將此裝

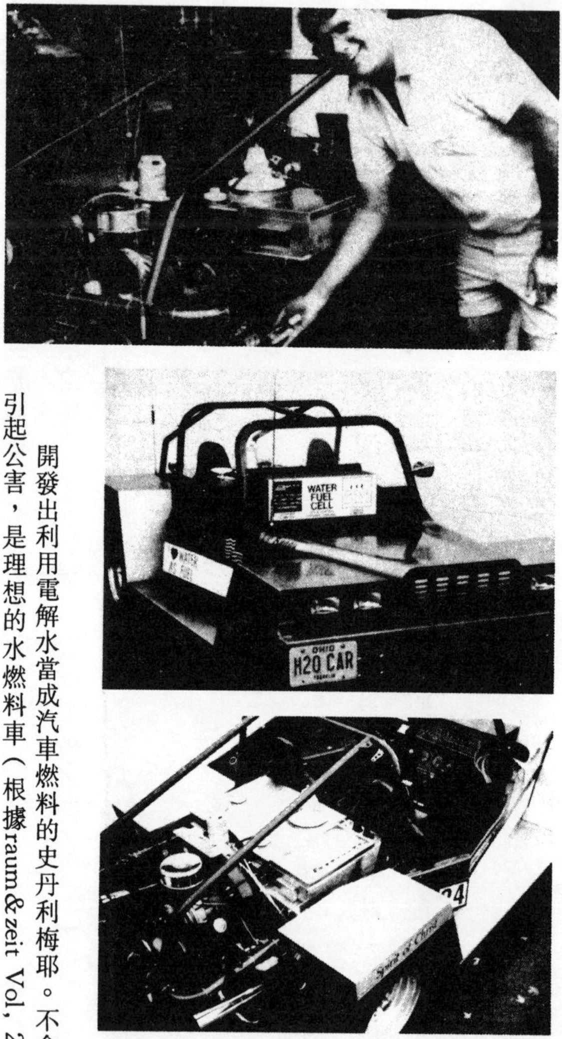


開發出利用電解水當成汽車燃料的史丹利梅耶。不會引起公害，是理想的水燃料車（根據raum&zeit Vol, 2, NO. 3, 1991）

置安置在車上，開發出能夠一邊分解水、一邊使車子奔馳的水燃料車。而這個車絕對不會引起排放廢氣等公害問題。

另一方面，澳洲的尤爾布朗也自行進行類似梅耶的開發。布朗畢業於莫斯科大學物理學科的科學家，年輕時就信奉尼可拉提斯拉，延續提斯拉的研究。

在一九七〇年代開發出吸收宇宙能量，只要利用一點點的電力，就能將水分解為氫與氧的方法。

此外，布朗認為分解水所得到的氫與氧，利用「化學量比」的混合比儲存的話比較安全，而這個混合比的氣體稱為「布朗氣」（氫與氧以二比一的比率形成的混合氣體）。

**用水做成的布朗氣進行燃燒實驗的尤爾布朗（左）（根據 raum & zeit Vol, 3, NO. 2, 1992）**

布朗氣不僅提高了安全性，同時燃燒速度快，燃燒溫度高。布朗運用這些特點，將溶接系統實用化。

此外，也成功地開發出以「布朗氣」爲燃料的汽車。這種汽車不會排放廢氣，完全不用擔心公害的問題。

## 宇宙能量發電機的原理

先前敘述了很多開發成功者的實例，那麼在此再度檢討一下爲什麼從空間中取得宇宙能量，就能形成電呢？

整理先前開發者的情報，可以發現關於宇宙能量的取得，具有一些共通的原理。

這個原理就是「共振」、「火花放電」、「永久磁石」、「旋轉」等四項。在此一一加以說明。

### ◆共振

宇宙能量是超微粒子，具有波動的性質。波動會以「共振」現象產生能量移動。所謂共振就是振動的兩個振動體的頻率相同或具有整數倍的關係時，能量較高的振動體，會將能量移動到能量較低的振動體上的現象。

例如，聽收音機時，在我們周圍的空間存在著大量的收音機的電波，而如果想聽特定的收音機節目時，想聽的電臺頻率與相同電臺的頻率的振動從收音機傳出，這時收音機與想聽的電臺電波共振，吸收電波，我們就聽得到聲音。這就是利用共振，能量從電波移到收音機中所產生的。

如果宇宙能量共振時引起了能量移動，則眞空世界的能量就能從物質世界取出。

使其共振的方法包括物埋的振動，或者是利用共振迴路的電振動。此外，也可以利用脈衝電流的電振動。

這個共振是取出宇宙能量經常使用的基本方法。

**◆火花放電**

火花放電是導線的一部分並沒有相連，隔開一些空隙流通高壓電流時，原本沒有通電的空氣會離子化，釋放出火花而導電的現象。

到目前爲止還無法瞭解其原理，不過火花放電是將眞空中的宇宙能量取出到物質世界的有利手段。

「提斯拉線圈」、「WIN變頻器」、「EMA馬達」等裝置都包含有火花放電的部分，這些裝置利用這個部分取得宇宙能量。

### ◆永久磁石

宇宙能量發電機，經常使用永久磁石。

現代科學家和技術者，一般認爲無法從永久磁石中取得能量。

但是本章說明過，已有許多人開發出使用永久磁石取出能量的裝置。這表示以往認爲無法從永久磁石中取得能量的想法是錯誤的。

在『地球文明的超革命』（大展出版社）一書中，我說過永久磁石的磁力是宇宙能量在物質世界以磁力的方式表現出來的。

如果將宇宙能量比喩爲地下水的話，則永久磁石就是將地下水（宇宙能量）汲取到地上（物質世界）的幫浦裝置。

### ◆旋轉

宇宙能量可以經由旋轉而取出到物質世界。宇宙能量的超微粒子旋轉在物質世界形成旋轉狀態時，旋轉體之間產生共振，引起能量移動，就能夠取得宇宙能量。像「N機械」、「沙爾的裝置」等，就是使用這個原理。

## 決定能源政策轉換的「影子世界政府」

以上簡單地爲各位介紹已經開發的主要宇宙能量裝置，以及吸收宇宙能量的原理。

最初知道這些情報，相信很多人都會感到很驚訝。因爲還有很多人不相信能夠從周圍的空間中取得電。但是，於我們周圍空間眞空中無窮盡的宇宙能量，的確是存在的。

看先前所介紹的開發者的貢獻，就可以瞭解到能夠經由各種方法取得宇宙能量，將其轉換爲電來利用。

總之，能夠代替石油、煤等石化燃料的原料是存在的，可以解決目前非常嚴重的能源危機。

目前已經開發了許多宇宙能量發電機，但是並沒有在世間普及。之前也說明過，掌握世界能源的支配勢力，也就是影子世界政府等少數巨大財閥勢力，爲了保護自己的利益，而採取阻止這些發明普及的政策。

宇宙能量發電機沒有辦法在世間普及的原因之一，就是現代科學不承認宇宙能量或宇宙能量發電機的存在。不承認宇宙能量是沒有辦法以科學的方法檢測出來，而不承認宇宙能量發電機，是因爲認爲宇宙能量發電機違反現代科學的能量保存法則。因此，正統科學界無視於宇宙能量或宇宙能量發電機的研究，將其從學界中踢出。

但是，最近正統科學學界以及支配世界能源勢力已經出現了轉換方針的情況。

一九九一年八月，在波斯頓所舉行的「第二十六屆能源交換工學會議（IECEC）」，首次進行關於宇宙能量以及宇宙能量發電機的研究發表。IECEC由美國的電氣工學會、機械工學會、核能學會等七個正統學會，每年共同舉辦，爲能量方面具有權威的協會。

這個協會設立了新的部門，稱爲「革新能源部門」。進行了三十件到目前爲止被科學家忽略的宇宙能量或宇宙能量發電機的研究發表，的確是劃時代的事情，可說是歷史上的大事。

宇宙能量或宇宙能量發電機的研究發表，除了在一九九一年波斯頓學會進行過，此外，在一九九二年八月的聖地牙哥第二十七屆大會、一九九三年的亞特蘭大第二十八屆大會中都持續進行發表，讓人覺得「革新能源部門」已經穩定了。

以往被正統科學學會忽略、被能源支配勢力壓抑的宇宙能量發電機的研究，為什麼現在在美國科學學會中會加以發表呢？

當然，能源危機問題非常地嚴重，拚命找尋能代替石油和核能的新能源是原因之一，但是不只如此而已。

根據推測，這可能是存在於科學界背後的能源產業界，也就是能源支配勢力的意志所造成的。

現在，世界能源問題或環境問題，已經處於非常嚴重的狀況下，能源支配勢力可能已經決定要採取從石油或核能轉換為宇宙能量的能源政策了。結果，在ＩＥＣ成立了「革新能源部門」。

正統科學學界開始進行宇宙能量發電機的研究，這個事實對於宇宙能量發電機的研究者而言，能夠得到學界承認研究，而且研究開發不會再受阻，能夠安心進行研究，可以說是一大佳音。

在 1991年8月4日到9日爲止，在波斯頓所舉辦的「能源變換工學會議」。這是美國正統科學的學會，首次公認「宇宙能量」的劃時代會議。

## 現代科學出現大改變，基礎瓦解

美國的能源變換工學會議中正式發表出「宇宙能量發電機」的研究，可以說是歷史上的大事。但是，對於這個世界性的消息爲什麼沒有廣泛地加以報導呢？

那是因爲現代科學的趨勢還沒有正式承認宇宙能量。科學要承認宇宙能量，必須要先得到物理學家的認同，但是大部分的物理學家，認爲可以從充滿宇宙能量的眞空中取出電的想法，是超出常識的想法，根本不屑一顧。

因此，即使一部分的美國學會加以報導，但是整個科學狀況並沒有改變。

我再說一次，宇宙能量是輸出功率大於輸入功率的發電機，因此，違反了現代科學的常識能量保存法則，所以要物理學家承認宇宙能量發電機，必須在物理學者參與盛會的情況下，公開進行宇宙能量發電機的實驗，證明發電機的輸出功率大於輸入功率。

事實上，目前還未進行這一類的實驗。由於沒有物理學家的參與，所以無法承認宇宙能量發電機。

一旦知道從眞空中能夠無窮盡地取得能量，進行發電的話，則現代科學基礎會瓦解，同時科學必須要進行改變。承認宇宙能量發電機，對現代科學而言的確是一大震撼，因此科學家要加以認同的話，的確要非常愼重，絕對不會輕易地承認。

但是，由先前的敘述，大家應該已經瞭解，物理學家最後還是不得不承認，科學也必須要改變，只不過是時間的問題而已。

# 第三章

## 保護地球的超燃燒裝置「RBT」革命已經開始了

## 宇宙能量不只能成爲電能而已

前章敘述過，在我們周遭的空間存在著宇宙能量這種理想的能源，在過去一百年來曾有幾個人成功地加以取出，而且開發出將其轉換爲電的裝置。總之，在宇宙空間中存在著可以代替石油和核能的能源，而且已經開發出能夠加以取出利用的裝置。科學沒有察覺到宇宙能量的存在，表示現代科學的落後。

宇宙能量裝置未能在世界上普及，是因爲支配能源的少數巨大財閥勢力基於經濟的理由，阻礙其普及所致。

但是，接受現代科學教育，相信現代科學絕對正確的人，例如科學家和技術者，光是以現代科學無法認同的理由，就完全否定了宇宙能量或宇宙能量裝置。

前章曾敘述過，宇宙能量可以轉換爲電、可以製造反重力，但宇宙能量的運用不單只是如此而已，宇宙能量還可以轉換爲熱能或者是力學能量。

此外，也可以促進化學反應、在常溫下形成原子轉換、增進健康，具有各種的作用。而已有許多人開發出這些技術來了。從本章到第六章爲止，爲各位介紹宇宙能量除了發電與反重力之外的利用技術。

## 產生普通熱量五倍以上熱量的酒精燃燒裝置

現在地球上不只是面臨能源問題，還有非常嚴重的環境問題。環境問題就是由於二氧化碳的濃度增加導致地球的溫暖化、燃燒石化燃料所產生的亞硫酸氣和氮氧化物造成的大氣污染以及酸雨，酸雨所造成的森林破壞與河川、湖沼的污染，和二氯二氟甲烷氣體破壞了臭氧層等等。

但是，這些環境問題大都是由於大量消耗石油和煤等石化燃料所造成的，因此只要解決能源問題，就能解決大部分的環境問題。

衆人對於日益嚴重的地球環境問題，於能源問題感到非常憂心，但找不到解決的辦法，經由長年摸索解決辦法的研究結果，有人已經研究出了偉大的發明。此人叫做工藤英興，今年五十五歲。

工藤所開發的是酒精燃燒裝置，也就是酒精燃燒器。工藤將這個發明稱爲「RBT」。是取Revolutional Burn Technology（劃時代的燃燒技術）的開頭字母來命名的。

工藤先生不光是開發出偉大的「RBT」燃燒裝置，同時在一九八四年進行「淨室

**開發劃時代燃燒裝置的工藤英興**

自動系統的開發」、一九八五年進行「利用自來水水壓的垃圾處理機的開發」，在日本通產省和日本經濟新聞所主辦的JAPAN SHOP展示會議上，連續兩年得到技術開發大獎。

工藤可以說是留下許多偉大貢獻的優秀研究開發家。

工藤所發明的「RBT」，也就是酒精燃燒器的劃時代特點在何處呢？就是利用這個器具所產生的熱量，比利用普通燃燒裝置所得到的熱量更高，其數字可以增加百分之幾十。而工藤所開發的裝置產生的熱量爲普通的五倍以上。

簡單地說，酒精以一定量燃燒時，用普通的燃燒裝置只能產生一百大卡的熱量，但是使用工藤所開發的酒精燃燒裝置「RBT」，則可以產生五百大卡以上的熱量。燃燒等量的酒精，卻能夠產生普通燃燒裝置五倍以上的熱，的確是非常神奇。這是現代科學理論絕對無法理解的事情。

超越理論的龐大熱量到底是從何而來的呢？簡單地說，這個過剩的熱量就是前章所說明的宇宙能量。而這個燃燒裝置就是從空間中取得宇宙能量，而產生過剩的燃燒熱。這可以說是將宇宙能量轉換爲熱的典型裝置。

工藤開發的酒精燃燒裝置「RBT」，是推翻現代科學理論的發明。但是，問題不單是如此而已，一旦這個裝置推廣到整個世界時，當然會掀起能源革命。爲什麼呢？因爲如果輸入功率爲一，而輸出功率卻爲五以上，可以說是超效率的能源產生裝置。

## 爲什麼要使用生物能量當成燃料

「RBT」的發明者工藤英興畢業於法政大學法學部。從來沒有學習過技術科系，因此令人感到很驚訝。超越現代科學的技術發明所需要的也許不是科學知識，而是獨創力吧！

對工藤而言，什麼樣的學習對現在的發明有幫助呢？根據工藤說，在學生時代認眞

劃時代燃燒裝置「RBT」

閱讀的康德、尼采、迪卡兒的哲學書對他有幫助。康德、尼采、迪卡兒的哲學書中到底讓他學到些什麼呢？那就是發現了宇宙的眞理。

因此，這次的劃時代燃燒裝置「ＲＢＴ」的發現，可以說是以宇宙眞理的探討為起始。根據工藤說：「宇宙是從無產生的。無是意識。」而發現宇宙眞理的工藤認為「與自然共生而生存，因此，人類一定要與自然共生才行」。工藤將其視為是「地宙展知」，當成座右銘。

「地宙展知」的「地」就是意味著地球基礎的確存在，而「宙」就是宇宙、時間、空間、現在、過去、未來。「展」就是發展、成熟、觀點的意思，「知」就是智慧、認知、知性、創造。

整體而言，它的意義就是「站在地球這個星球上為基礎來瞭解宇宙，瞭解存在於宇宙的自然是以共生循環的型態存在的，而為了自己的成長發展，必須要累積知識，不斷地努力才行」。

在一九五五年代發生石油危機和公害問題時，工滕為了要加以解決，認為需要一種能夠再生的生物能量。而這個「生物能量」就是利用以生物為主構成植物的有機物的能量。

在宇宙中，包括人類在內的萬物必須共生才行，這是人類必須要遵守的宇宙眞理。因此，人類所使用的能量不能夠破壞環境，必須要是能夠與自然共同再生的能量。而能夠滿足這種條件的就是生物能量。

石油、煤、天然氣等石化燃料，一旦使用後就沒有了，而生物能量則是經由栽培可以製造出來。人類以往是使用柴火或木炭等生物能量。生物能量並不是什麼特別、嶄新的能量。而具體的生物能量就是像玉米和甘蔗食用過後剩餘的廢棄物、稻草、廢木材、木薯、藍桉等。

工藤利用這些生物能量而製造出酒精，再把酒精當成燃料來利用，對地球及人類而言是最理想的做法。

但是，用生物能量來代替石油和核能的想法，並不是工藤獨創的。生物能量是不會引起酸雨等公害的乾淨能源，因此，可以當成代替石油或核能等能源的候選能源之一。整個世界都在認眞思考這些問題。

可是，生物能量的成本很高，而且相當於容積的發熱量較低。基於這些理由，無法當成主要能源來使用。因此，並沒有積極地加以利用。

但是在巴西的生物能量非常便宜、豐富，而且基於國策的酒精計劃，利用甘蔗所產生的乙醇爲燃料的汽車，在巴西國內所佔的比率相當的多。

工藤爲了解決能源問題和環境問題，認爲必須要靠生物能量，將酒精當成燃料來使用。因此，在距今五年前開始研究開發酒精燃燒裝置。

酒精燃料的最大缺點，就是先前所說的容積量的發熱量非常低。因此，工藤爲了克服這個缺點而不斷努力，希望能夠開發出容積量的發熱量超過汽油的燃燒裝置。汽油的發熱量大約是一〇五〇〇大卡／公升，而甲醇則大約爲五六〇〇大卡／公升，爲汽油的一半。

工藤學會燃燒工學，因而製作了試作品進行燃燒實驗，不斷地改良，終於完成了現在的「ＲＢＴ」。

根據工藤說，發明和改良的啓示情報，大多是從深夜到黎明時突然產生的靈感，而這些啓示情報的出現，與以往發明過許多劃時代發明的發明家共通。

工藤開發的「ＲＢＴ」同樣是燃燒酒精，卻能夠有五倍以上的發熱能量，所以使得相當於發熱量的成本大幅降低。不只如此，相當於容積的發熱量大幅度提高，因此完全解決了一般生物能量的缺點。

如此一來狀況完全改觀，生物能量可以代替石化燃料及核能，所以在經濟上可以接受。以往只當成配角的生物能量，在一夜之間躍升爲主角。

只要使用「RBT」，就可以產生比普通裝置高五倍以上的發熱量。所以燃料槽的容量只要維持以往的五分之一以下就夠了。當然，酒精的費用也是以往的五分之一以下。

與汽油比較，燃料槽只要汽油槽的一半就夠了，而成本也比汽油更便宜。工藤開發的「RBT」是液體燃料裝置，除了酒精以外的汽油、輕油、燈油都可以使用。不過工藤在當初開發的時候，就把酒精原料限定爲從生物能量中取出的酒精。

## 「RBT」對地球環境問題掀起一大革命

由於燃料只限定於植物的生物能量，因此能夠解決現在嚴重的問題，二氧化碳濃度增加造成的地球溫暖化問題。

另一方面，所發生的二氧化碳的絕對量的減少。酒精燃燒時會出現水和二氧化碳，利用「RBT」燃燒酒精時，也會產生二氧化碳。但是，使用「RBT」時，產生同樣的熱量所需要的燃料大幅度減少，因此，配合其比例所產生的二氧化碳量也會減少。

還有，就是能夠促進綠化的效果。關於促進綠化的方法在稍後會爲各位敍述。總之，促進綠化之後植物大幅度增加，植物能吸收二氧化碳進行光合作用，二氧化碳變成碳水化合物，因而大氣中的二氧化碳濃度會減少，因爲二氧化碳而引起的地球溫暖化問題，自然就能解決。

此外，也能夠消除排放廢氣的公害問題。因爲石化燃料會產生亞硫酸氣和氮氧化物等氣體，引起公害。但是，生物能量的酒精燃燒之後只會產生水及二氧化碳而已，所以不會產生有害氣體。

稍後爲各位敍述「ＲＢＴ」具有解決因爲臭氧層的破壞，而形成嚴重問題的二氯二氟甲烷氣體的能力。

由此可知，使用「ＲＢＴ」能夠使得生物能量代替石油和核能，成爲主能源加以利用，就能促進綠化，增進地球的綠意。由於二氧化碳的濃度減少，可以解決地球溫暖化的問題，而有害廢氣的減少，因此也能解決排氣公害的問題，此外，還有很多的效果。所以使用「ＲＢＴ」從生物能量中利用酒精，是非常理想的方法。

「ＲＢＴ」的裝置從外觀上看起來，與以往的裝置沒什麼不同。因爲還在申請專利當中，所以，目前無法公開「ＲＢＴ」裝置的構造。

因此，從理論上雖然知道可以發熱五倍以上，但是發明的詳細情形不得而知。詢問工藤時，他說發明的重點在於並不使用電或永久磁石等，也不在於裝置的材質，而在於燃燒裝置的構造。也就是說，只要在燃燒系統的構造上下工夫，就能夠產生高倍率的發熱現象。

這麼說也許各位無法瞭解，於是更進一步請教他到底是因爲哪些啓示才會有這樣的發明。工藤說：「瞭解宇宙的眞理就能瞭解宇宙構造，將其納入裝置中的結果，就能夠提升燃燒效率。」我想可能是因爲「RBT」的專利還沒有申請下來，所以還無法公開發表吧！不過，的確是在燃燒過程中運用到了宇宙能量。

根據工藤的說法來推測的話，瞭解宇宙的構造將其納入裝置中，應該就是指瞭解整個宇宙的構造，瞭解宇宙能量發生構造。宇宙具有相似構造，因此製造出與宇宙具有同樣構造的裝置與宇宙共振，就能夠與宇宙同樣地產生宇宙能量吧！簡單地說，就是燃燒裝置的構造形成了小宇宙。

宇宙是由相似構造所形成的，製造相似構造引起共振，形成能量移動。工藤所開發的「RBT」，就是與宇宙構造極爲相近的共振構造，因此能夠成功地大量吸收宇宙能量吧！

此外，工藤還說不光是利用系統的構造吸收宇宙能量而已，還加上現代科學無法瞭解的＋α要因。關於這個＋α要因，也許在不久之後就能夠瞭解了。

(註)宇宙的相似構造　構成宇宙的原子在原子核周圍有電子環繞的構造，像太陽系在太陽周圍有地球等行星環繞的構造一樣。此外，整個太陽系也具有一些太陽系在上位太陽周圍環繞的構造，而較大者就是銀河系。銀河系聚集形成銀河團。由此可知，宇宙具有相似的階層構造。

## 發熱為汽油兩倍以上的酒精

工藤所開發的燃燒裝置「ＲＢＴ」，可以產生理論值五倍以上的發熱現象。其證明就是工藤將普通的燃燒實驗，與利用「ＲＢＴ」的燃燒實驗進行比較實驗。燃料是使用市售的酒精，進行普通的燃燒以及「ＲＢＴ」的燃燒，詳細記錄燃燒時間與燃燒溫度。

實驗是進行以下三種燃燒測試：

①托盤上自然燃燒……在托盤上放入十cc的酒精進行自然燃燒。

②托盤上送風燃燒……在托盤上放入十cc的酒精，傳送與③等量的空氣進行燃

托盤上自然燃燒。燃燒中的圖片。

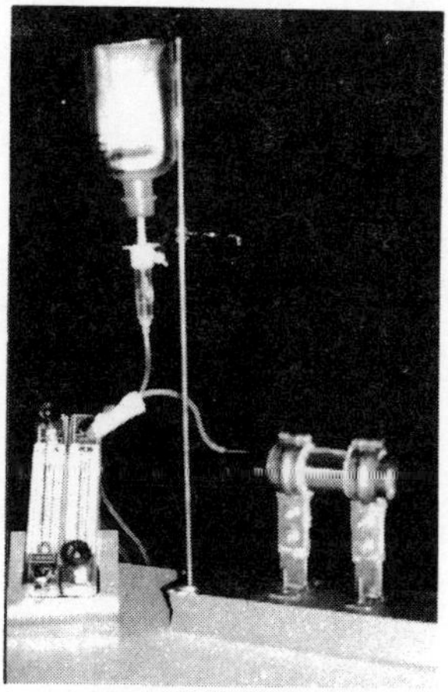

「RBT」的燃燒實驗系統

托盤上送風燃燒。燃燒中的圖片。

進行「RBT」燃燒實驗的工藤英興(右)

燒。

③「ＲＢＴ」燃燒……燃燒十cc的酒精，這時空氣以五・五公升／分鐘的流速傳送。

進行這三種實驗，並且調查燃燒的時間與燃燒的溫度。

在①與②的實驗中瞭解送風時與未送風時的差距，利用②與③的實驗瞭解普通的燃燒和「ＲＢＴ」燃燒的不同。

雖然是以比較實驗的方法，但是「ＲＢＴ」與普通燃燒比較時，最好在同樣形狀的裝置下進行。也就是說，②的實驗最好是有與「ＲＢＴ」同樣的筒形裝置。但是，根據工藤說，要讓酒精在這種筒形裝置中燃燒很困難，所以只能夠使用與「ＲＢＴ」表面積大致相同的托盤，將等量的空氣傳送過去進行比較實驗。

實驗所使用的「ＲＢＴ」如一一一頁的圖片所示，是大小直徑約四公分、長約十公分的裝置，這個裝置有管子通過，傳送酒精與空氣。此外，溫度測定是利用熱電對的計測器進行。結果，如左表所示。

此外，燃燒溫度是用熱電對的溫度計測器測定的，而這個測定器只能夠測定到攝氏一千五百度爲止，③表示測定器的界限值。而③的情況下是將陶瓷加熱，由陶

## 「RBT」與普通燃燒的比較實驗

| 實驗條件 | 酒精量 | 燃燒時間 | 燃燒溫度 |
|---|---|---|---|
| ①托盤上自然燃燒 | 10c.c. | 約110秒 | 約800℃ |
| ②托盤上送風燃燒 | 10c.c. | 約 50秒 | 900～1100℃ |
| ③「RBT」燃燒 | 10c.c. | 約230秒 | 1600℃(熱電對界限)<br>推定 2300℃(陶瓷) |

瓷的光度與破壞狀況來推測溫度。

這個結果顯示③的「RBT」燃燒比①和②的托盤上燃燒時間大幅度增長，而且燃燒溫度非常高。

發熱量的比較，只要比較送風條件相同的②與③就可以了。

「RBT」的燃燒時間爲托盤上送風燃燒的四・六倍。而②的燃燒需要四・六公升的酒精，「RBT」只需要一公升的酒精。

②的燃燒溫度爲攝氏九〇〇－一一〇〇度，而③的「RBT」爲一六〇〇－二三〇〇度。即使使用較低的數值來計算，則③的「RBT」比②的普通燃燒高出的溫度約達三十五%。

甲醇的發熱量爲四千三百大卡/公升。

在此使用甲醇較低的發熱量數值，大致計算「RBT」燃燒時的發熱量。

燃燒時間爲四・六倍，溫度差約一・三五倍（用絕對溫度

## 「RBT」的燃燒實驗

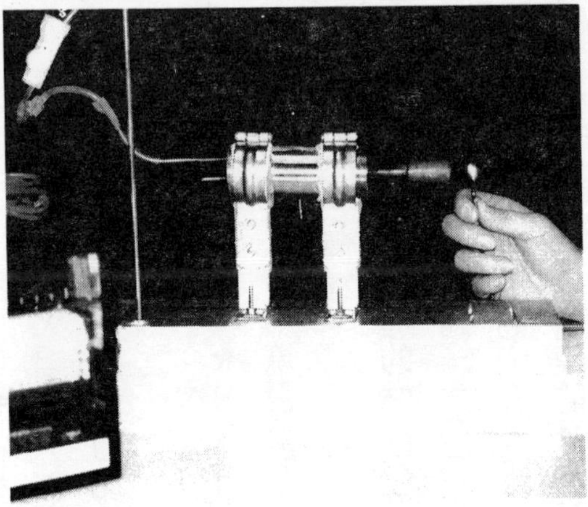

利用熱電對測定「RBT」的燃燒溫度。熱電對只能測定到一五〇〇度C左右，溫度已經到達特定界限。

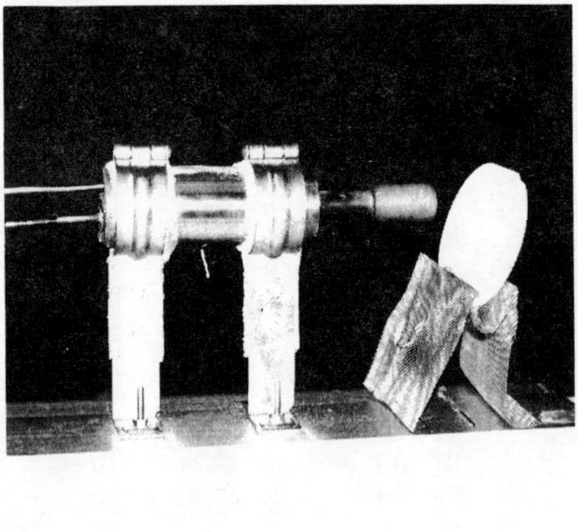

利用「RBT」燃燒能夠忍耐達二〇〇〇度C的陶瓷正在燃燒中。等到陶瓷燒破之後就知道溫度已經達到二〇〇〇度C以上。

比較）時：

$4300 \times 4.6 \times 1.35 \fallingdotseq 26700$

使用「ＲＢＴ」能使酒精形成二六七〇〇大卡／公升以上的發熱量。

汽油的發熱量約爲一〇五〇〇大卡／公升，而「ＲＢＴ」的酒精燃燒會出現汽油兩倍以上的發熱量。

酒精燃料是低發熱量物質，所以溫度較低，在以前需要較大的燃料槽。可是，利用「ＲＢＴ」就可以解決這些缺點。這樣就可以大幅度減少造成大氣污染原因的排放廢氣的濃度，解決大氣污染的問題。

酒精燃料的發熱量爲汽油燃料的兩倍以上，燃料槽爲油槽的一半以下，而且又能解決排放廢氣的問題，如此一來，會使整個世界的狀況完全改變。所以，利用「ＲＢＴ」，在各範圍都會掀起能源革命。

## 人類的佳音，能夠消除二氯二氟甲烷氣體所帶來的公害

現在，由於二氯二氟甲烷氣體造成臭氧層破壞，形成嚴重的環境問題。工藤所開發的劃時代燃燒裝置「ＲＢＴ」，可以解決令人束手無策的二氯二氟甲烷氣體公

害的問題，在此為各位說明一下。

首先，說明二氯二氟甲烷氣體公害的嚴重性。

二氯二氟甲烷氣體是氯和氟附著而成的氣體，用來當作冰箱或者是冷氣的冷媒、半導體或機械的洗淨劑、噴霧劑、發泡劑等，用途非常廣泛，地球上一年大約製造出一百萬噸。

二氯二氟甲烷是不存在於自然界的人工物質，具有良好的性質，因此，以往大量使用。但是，使用後全都在大氣中廢棄掉。二氯二氟甲烷的化學性質非常穩定，很難被分解，因為以往認為廢棄在大氣中很安全，所以大量製造，使用後放到大氣中。

但是，無法分解而被視為是安全物質的二氯二氟甲烷，卻會破壞上空的臭氧層，那是距今二十年前得知的事實。

臭氧層籠罩在地面十二～五十公里處，臭氧層大量積存處能夠遮蔽來自陽光中對人體有害的紫外線，對人體而言是保護層。

臭氧層的破壞在南極及北極上空特別嚴重。在南極上空已經觀測到臭氧層開了大洞，形成臭氧洞。臭氧層遭到破壞以後，降臨到地面上的紫外線量增大，就可能會造成皮膚癌的增加。被害的不只是人類而已，當然植物、動物類也是如此。最可怕的就是已經產生了危機。

臭氧層破壞的問題非常嚴重，所以國際間已經決定到西元二千年爲止，一定要完全停止二氯二氟甲烷的生產，但是時間拉得這麼長，這種對策怎麼能夠改善事態呢？

因爲二氯二氟甲烷氣體比空氣重，所以當它到達上層的臭氧層時，需要花十五年以上的時間。現在破壞臭氧層的是十五年前釋放出來的二氯二氟甲烷氣體，也就是說，到目前爲止釋放出來的二氯二氟甲烷氣體大約有十％破壞了臭氧層，眞正破壞所造成的危機才剛剛開始呢！

即使現在立刻停止放出二氯二氟甲烷氣體，而如果不回收分解以往已經生產使用過的二氯二氟甲烷氣體，或者是不回收分解在大氣中的二氯二氟甲烷氣體的話，則事態完全無法改善。

二氯二氟甲烷氣體的分解方法就是熱分解法、觸媒分解法、藥品分解法等。其中實用性較高的是熱分解法。在此登場的就是工藤所開發的劃時代燃燒裝置「ＲＢＴ」。「ＲＢＴ」是高溫燃燒的裝置，因此，可以在送入空氣時，一併送入二氯二氟甲烷氣體，能夠輕易地分解二氯二氟甲烷氣體。

當然要謀求對策，處理還沒有釋放到大氣中的二氯二氟甲烷氣體，但是對於已經釋放在大氣中的二氯二氟甲烷氣體，根本無法加以回收。

工藤認爲對於已經放出的二氯二氟甲烷氣體，可以利用「RBT」加以處理。具體的方法，就是到目前爲止釋放出的二氯二氟甲烷氣體，大半在距離地面上十一公里處的對流圈中漂浮，因此，只要將利用「RBT」的噴射機飛到對流圈中吸收空氣與二氯二氟甲烷氣體，就可以加以分解。不需要噴射機搭載「RBT」，就具有與地上所使用的「RBT」同樣的效果。

最重要的就是當「RBT」在世界上發揮作用時，可以讓空氣和二氯二氟甲烷氣體一併吸入裝置中，自然進行分解，如此一來，「RBT」就可以分解掉已經放出的二氯二氟甲烷氣體，對於人類而言，的確是一大佳音。

## 掀起能源革命的「RBT」的六大優點

根據先前的說明，我們瞭解到「RBT」能吸收宇宙能量，具有劃時代的性能，是非常優秀的燃燒裝置。

在此，爲各位整理劃時代的燃燒裝置「ＲＢＴ」的優點，敘述如下：

**①使用同樣的酒精量，能夠產生以往五倍以上的發熱量**

熱量所需要的燃料成本大幅度降低。

熱量所需的燃料容積爲汽油槽的一半。

**②能夠產生高溫**

比以往更容易產生高溫。

**③從小型裝置到超大型裝置，能夠自由製造**

可以製造出從小型的桌上型，到噴射機所使用的超大型「ＲＢＴ」。

**④不會產生有害氣體**

燃料只限定於酒精，排放出來的氣體非常乾淨。

**⑤燃料只限於來自生物能量的酒精，能促進綠化**

酒精的原料只限定於來自生物能量的原料，因此能促進綠化。綠化能經由光合作用促進二氧化碳的固定化，因此，就能解決目前因爲二氧化碳濃度增加而引起的地球溫暖化問題。

促進綠化之後，能夠使自然代謝的周期循環活動旺盛，對地球環境很好。

解。

⑥能處理大氣中的二氯二氟甲烷氣體

上空的二氯二氟甲烷氣體，可以利用使用「ＲＢＴ」飛翔的噴射機自然回收分解處理。

地上的二氯二氟甲烷氣體，也可以利用「ＲＢＴ」分解處理。

以上都是「ＲＢＴ」的許多優點，適用於各範圍。

## 能應用於各範圍的「ＲＢＴ」

其次，我們來探討一下可以在哪些範圍使用「ＲＢＴ」。此外，關於以下用途的延伸，對於解決嚴重的環境問題以及能源問題而言，必須迅速加以實行才對。

### ◆發電機

「ＲＢＴ」能適用於消耗能源的各範圍，而最大的範圍就是發電機。

「ＲＢＴ」是燃燒裝置，但是使用「ＲＢＴ」也可以開發出發電機來。

發電機包括將活塞往返運動變爲旋轉運動的往返式引擎以及渦輪引擎，而「ＲＢＴ」可以適用於這兩種型態。

從小型的發電機，到如電力公司般超大型的發電機，具有各種不同的規模，而

「ＲＢＴ」可以應用於任何大小，容易開發，同時以需要的大小而言，一開始就可以發展中型或小型機種的商品。

例如，消耗電力較大的二十四小時營業的便利商店等，可以利用這一類的發電機補充電力。

使用「ＲＢＴ」的發電機，電費非常便宜，同時也能對於防止大氣污染公害有所貢獻。

**◆焚化爐**

「ＲＢＴ」是燃燒裝置，酒精消耗量非常少，而且比普通的裝置更容易產生高溫。這種優點最適合的用途，就在於垃圾焚化爐。

現在，以日本而言，七〇％的垃圾都利用焚化處理的方式。普通的焚化爐會產生焚化灰，最後的焚化灰必須進行掩埋處理。垃圾的焚燒量越多，則焚化灰的量越龐大，最後各縣市將會無法確保焚化灰的處理場。

爲了加以解決，必須利用電爐等高溫爐將焚化灰融化。此外，有一部分可以一開始就使用焦炭高溫爐直接處理垃圾，使其融化。垃圾一旦融化之後，會減少三分之一的焚化灰的體積，同時也可以將其當成建材來利用，不需要進行掩埋處理。

「RBT」具有能產生高溫的優點，因此焚化灰的融化爐或者是直接將垃圾高溫融化爐，都可以使用「RBT」，製作成本低廉的焚化爐。

**◆汽車**

在發電機的部分爲各位說明過，「RBT」可以適用於往返式引擎。因此，可以應用在汽車的引擎。應用於汽車上時，只要將現在的引擎稍微改造一下即可。

如果汽車使用「RBT」，能夠使得燃料（酒精）的消耗量大幅度減少，所以燃料費大幅度降低。不僅如此，酒精的完全燃燒不會引起大氣污染，成爲無公害車。而且，在行走的途中還可以處理在大氣中的二氯二氟甲烷氣體，具有許多的優點。

如果能應用於汽車的話，則「RBT」也可以應用於船舶用引擎。

**◆家庭用暖爐**

現在家庭用暖氣暖爐，大部分使用燈油做燃料，如果使用酒精而利用「RBT」的話，則不僅節省燃料費，而且不會造成空氣污染，提高發熱量，具有非常多的優點。

**◆鍋爐**

食品工廠或化學工廠使用大型鍋爐製造蒸氣或發電，而「RBT」也可以適用於鍋爐。

使用「RBT」的鍋爐，能大幅度降低燃料成本，而且不會引起大氣污染。

**◆噴射引擎**

「RBT」能夠製作大型燃燒爐，形成高溫。此外，「RBT」也可以製作噴射引擎。使用「RBT」的噴射引擎搭載在飛機上，就可以做成噴射機。

搭載「RBT」的噴射機，燃料成本便宜，也不用擔心排放的廢氣會造成大氣污染。此外，以整個地球規模來探討的話，飛機不斷地飛行，能夠再處理掉在上空的二氯二氟甲烷氣體，對於二氯二氟甲烷氣體的公害處理而言，非常重要。

**◆其他**

除了以上所敘述的用途以外，「RBT」還有各種的用途。例如，牙科、醫學用裝置、溶接用裝置、融雪用機器、大廈的冷暖氣用機器、農業用塑膠薄膜溫室的暖氣裝置、洗澡用鍋爐等。

## 需要確立系統，利用生物能量進行綠化地球

目前整個地球的綠色植物逐年減少，原因就是因爲經濟活動的發展必須要砍伐森林資源，或者是開拓森林資源。還有酸雨造成樹木的枯竭，氣象變動造成沙漠化等。一旦促進綠化，植物的光合作用盛行，就能夠解決二氧化碳所引起的地球溫暖化問題。此外，增加綠化就能夠使得自然的大循環運動活潑化，對人類及地球上所有的生物而言，都能夠形成好的環境。

此外，也可以代替石化燃料和核能，使用生物能量的能量，就能夠去除排放廢氣所造成的公害問題。

工藤使用生物能量的酒精當成「RBT」的燃料，認爲這樣能夠增進地球綠化，自然就能解決現在日趨嚴重的環境問題。

因此，他提出應該要設立以下的系統。

「RBT」所使用的燃料、酒精是由植物製造出來的，而利用植物生產酒精的公司(機構)可以從生產者那兒以較高的價格購買原料生物能量，而生產者以往只能賣一百元的東西，現在可以賣到一百一十元，或者是以往不具有商品價値隨意丟棄的

東西，現在形成必須要付費購買的狀況，就能夠提高生物能量原料的生產慾望。

這時的生物能量包括當成食物利用後的廢棄物，例如甘蔗渣或者是玉米渣，還有稻草、麥桿、果實或蔬菜的不良品、木片、鋸木屑、雜草等，只要是植物都可以利用。

工藤購買以往大家丟棄的生物能量，而不管任何生物能量都可以較低的成本購買到，建立製造酒精或其他物質的技術。這是工藤自己開發出來的。

因爲有了這些技術，所以可以用較高的價格購買生物能量。用較高的價格購買生物能量以後，生物能量的生產者就會形成生產的慾望，增加蔬菜、穀物、水果、樹木等的栽培，藉著這種行爲，即能促進整個地球的綠化，同時不再需要使用核能或石油，因此，能夠使地球環境良好，解決嚴重的公害問題。

## 展開「RBT」的事業

工藤英興結束了在國內以及海外的專利申請作業（一九九四年三月），現在打算認眞地展開事業。

工藤的基本方針是不希望這個技術被特定的大型企業所獨佔，而能夠迅速廣泛地普及到整個世界。

因此，他期待在各範圍決定要推廣事業的企業，能夠積極地將「RBT」商品化、普及世界。

看過本章之後，如果想要改善地球環境，而希望參加「RBT」事業的人或企業，請你和開發者聯絡。

工藤所開發的「RBT」，因爲能夠有效地從空間吸收宇宙能量，所以可以以現在科學理論值五倍以上的超效率產生熱，也可說是將宇宙能量當成「熱能」加以取出的裝置之一。

## 消除車子排放廢氣公害的具體對策

本章爲各位介紹大量吸收宇宙能量，產生理論值五倍以上熱的劃時代酒精燃燒裝置「RBT」。「RBT」可當成汽車引擎的燃燒裝置來使用，因此，以酒精爲燃料，利用「RBT」行駛的汽車已經商品化，相信在不久的將來，就會馳騁於道路上。

事實上，目前世界上有五億輛的汽車，主要是利用汽油或輕油爲燃料，每天都會持續排放出有害的廢氣來。汽車排放的廢氣造成的有害物質引起大氣污染，形成光化學煙塵及酸雨，危害人類健康，持續破壞自然。

汽車排放廢氣的公害是造成地球環境污染的一大原因，一定要即早加以解決。最好的解決方法，就是使用不會排放有害廢氣的乾淨能源，例如，大西義弘所開發的超電導電動車、史丹利梅耶和尤爾布朗所開發的以水爲材料的汽車，還有工藤開發的以酒精爲燃料的「ＲＢＴ」汽車等。

但是，在這些商品問世前需要花一些時間，而且要將世界上的車一舉改變爲這些車子，以經濟上及物理上的觀點來看，也是不可能的。

最好的對策，就是如果現在有使用汽油或輕油當成燃料的車子，應該盡量使其不會排放出有害的廢氣，或者是大量減少排氣量。

該怎麼做才好呢?答案就是要利用宇宙能量。

宇宙能量作用於汽車的引擎或燃料時，會產生各種效果。會產生什麼效果呢?例如，減少有害的氣體排放、改善燃料的消費率、降低燃料消耗率、增強力量、使駕駛輕鬆等。

關於宇宙能量的各種效果，會在第五章爲各位說明。

那麼，該怎麼樣才能使宇宙能量作用於汽車上呢？可以使用各種宇宙能量商品。例如，將會產生宇宙能量的陶瓷與燃料接觸，或是將會大量產生宇宙能量的商品安裝在引擎室也有效。一般而言，有害氣體的排出量與燃料消費率有關，只要改善燃料消費率，就能減少有害氣體排放量。而只要改善燃料消費率，使其接近完全燃燒，就能減少有害氣體的排放。

## 開發大幅度改善汽車燃料消費率裝置的守田芳佑

到目前為止，已經開發出許多能夠改善燃料消費率、減少有害氣體排放量的宇宙能量商品。但是，燃料消費率的改善率，只有十%～二十%左右。

和大西及工藤同樣身為發明家的守田芳佑（五十二歲），開發了超越以往製品性能的汽車燃料消費率大幅度改善裝置。

守田所開發的裝置商品名稱為「ＭＩＧＨＴＲＯＮ」。將這個裝置安裝在汽車內，能夠提升燃料消費率到何種程度呢？依車種的不同而有不同。不過，到目前為止，對於十輛以上不同的車子進行過測試，發現平均能改善四十%左右的燃料消費率。

也就是說，具有以往燃料消費率改善商品一倍以上的性能，而燃料消費率大幅度改善，就能夠大幅度降低有害氣體的排出量。

守田所開發的裝置，到底要安裝在汽車的哪一個部分比較好呢？最有效的作法，就是安裝在汽油等燃料進入汽化器之前的燃料管部分。裝置的大小如果汁罐一般大，非常小型。最重要的就是，只要讓汽油或輕油等燃料通過「MIGHTRON」中，就能夠大幅度提升燃料消費率。

安裝這個裝置以後，燃料消費率大量提升，燃料消耗量大幅度減少，同時只要稍微踩油門，就能產生速度，駕駛起來比較輕鬆。

## 「MIGHTRON」的秘密在於磁石與發振器

守田所開發的「MIGHTRON」，到底是以何種構造而能大幅度改善燃料消費率呢？

根據守田的說法，「MIGHTRON」組合了永久磁石與共振迴路的發振器，這就是主要的重點。與磁場形成共振電場，其中通過輕油或汽油等燃料。發振器的電源，只要使用車子的電源就足夠了，即使只有微弱的電場或磁場也無妨。

這種磁場或者是共振電場的環境有燃料通過時，爲什麼能夠使燃料消費率提升四十％，而且大幅度減少有害氣體的排放呢？守田認爲以現代科學來考量的話，基於核磁氣共鳴的原理，能夠提升燃料的化學物質的能量水準，使其活性化。

但是，我推測這可能是由於宇宙能量所造成的效果。在前章已經叙述過了，磁石的磁場是宇宙能量變化而來的，共振迴路的發振器利用共振而強力產生宇宙能量，因此「ＭＩＧＨＴＲＯＮ」可以說是強力宇宙能量產生裝置。從「ＭＩＧＨＴＲＯＮ」中產生的宇宙能量，照射在燃料汽油或輕油上，就能成爲充滿宇宙能量的燃料，能夠完全燃燒，同時增加發熱量，提升燃料消費率，而且大幅度減少有害氣體的排放量。

總之，「ＭＩＧＨＴＲＯＮ」能夠產生宇宙能量，作用於燃料時可以改善燃料消費率，同時減少有害氣體的排放。

此外，「ＭＩＧＨＴＲＯＮ」預定最近將會製造販賣。

守田芳佑開發的「MIGHTRON」

# 第四章

## 塑膠瞬間成為燈油的油化還原裝置

## 地球規模的難題，廢塑膠處理

前章曾提過，在我們周遭空間的宇宙能量，可以以熱能的型態取出並加以利用。本章則爲各位提示宇宙能量能促進化學反應，選擇性地引起化學反應的功能。

本章所介紹的技術是由兵庫縣蘆屋市的日本理化學研究所，倉田大嗣所長（五十二歲）所開發出來的。

那是何種技術呢？現在在垃圾處理中最麻煩的塑膠垃圾，經由宇宙能量可以瞬間分解爲燈油的偉大技術。

現在塑膠垃圾已經成爲地球規模性的問題，所以這個發明對於人類而言，的確是一大佳音。在介紹這個技術之前，首先先說明一下塑膠垃圾的處理現狀。

塑膠是利用廉價石油爲原料製造出來，配合用途製造出各種種類，價格便宜、容易使用，是非常方便的材料。因此，塑膠在我們日常生活的各場合都會使用到，而且成爲生活必需品。

塑膠廉價、容易使用，因而使用量逐年提升。附帶一提，像日本國內於一九九二年的塑膠生產量，就超過一千三百萬噸。

廉價、在生活上方便使用的塑膠材料，卻形成了非常嚴重的問題，也就是塑膠廢棄物處理的問題。

動物、植物及微生物等自然界的生物死後腐爛，物質會被分解，回歸自然，再次成爲生物的材料，進行自然的循環。但是，人工材料塑膠無法分解。塑膠永遠是塑膠，因此，塑膠廢棄物的處理成爲地球規模性的大問題。

在日本國內塑膠生產量約爲四十五%，一九九二年就形成六百多萬噸的廢棄塑膠。而廢棄塑膠當中，能夠成爲再生加工品，再回收利用製成塑膠的只有十二%而已，剩下的八十八%的廢棄塑膠，只能夠使用焚燒處理（六十五%）與掩埋處理（二十三%）。

開發廢棄塑膠油化還原裝置的倉田大嗣

探討日本的情況，塑膠生產量的四十%，也就是超過五百萬噸的塑膠只能夠利用焚燒處理或掩埋處理。但是，焚燒處理或掩埋處理卻產生了很嚴重的問題。

將廢棄塑膠焚燒處理以後能夠減量，的

確是不錯的方法。但是，另一方面，卻會產生戴奧辛以及氯化氫等有毒氣體。

廢棄塑膠中，氯化乙烯樹脂或氯化亞乙烯樹脂等含氯的樹脂非常多，這些樹脂一旦燃燒以後，就會排出大氣污染物質氯化氫氣體。

氯化氫氣體不僅會污染大氣，同時也會引起腐蝕焚化爐的痲煩問題。氯化氫可以使用氫氧化鈉水溶液去除，但是，去除氯化氫氣體的設備以及氫氧化鈉的費用非常高。

此外，在焚燒處理廢棄塑膠時，還容易產生二氧化碳排出的問題。前章已經說明過，大氣中二氧化碳濃度的增加，促進地球環境的溫暖化，而廢棄塑膠的焚燒處理增加了二氧化碳的濃度，對於地球溫暖化而言，當然是不好的影響。因此，廢棄塑膠的焚燒處理，還有很多問題存在。

那麼，是否採用掩埋處理法就可以了呢?也不是如此。

塑膠比較輕，而且具有不容易損壞分解的特質。如果採用掩埋處理的話，就會蓄積大量的塑膠，塑膠幾乎不會分解，所以體積無法減少。掩埋處理塑膠的行政爲了廢棄塑膠佔了大部分掩埋垃圾的容積，因此要確保掩埋地而感到非常頭痛。

此外，在掩埋廢棄塑膠時，塑膠的致癌性物質溶解出來，會造成環境污染。

總之，用掩埋處理的方式處理廢棄塑膠，根本上並不是好的方法。廢棄塑膠不論是以焚燒處理或掩埋處理，都會形成大問題，目前並沒有根本的處理法。

## 開發出廢棄塑膠革新的處理技術

關於廢棄塑膠的處理問題沒有根本的解決方法，這是現狀。但是，倉田大嗣卻開發出了處理技術。

倉田開發的裝置稱爲「倉田式廢棄塑膠油化還原裝置」，簡單地說，就是在極短的時間，也就是幾秒內讓廢棄塑膠分解爲燈油的劃時代裝置。

廢棄塑膠是由乙烯或丙烯、苯乙烯等碳化氫重合而作成的，因而分解塑膠時，就能形成碳化氫的低分子化合物燈油，以原理而言，這並沒有什麼奇怪的。

到底劃時代的革新是指哪一方面呢？也就是說，將原料廢棄塑膠放入後幾秒鐘就會成爲燈油。時間非常快速，而且燈油這種碳素數能夠選擇特定範圍的化合物而得到。這個裝置的原理也就是本書主題之一的宇宙能量利用技術，關於這一點，稍後爲各位說明。

這個裝置不論廢棄塑膠的種類爲何，都能使用。甚至連含有氯化乙烯樹脂等含氯的樹脂都能處理，也能處理好幾種的塑膠混合物。此外，也能處理附著在上面的一些其他垃圾。

目前這個裝置的實驗設備，設在島根縣松江市的日本理化研究所的分室內，而本設備也納入松江市內上幹總業的廢棄物處理公司運作。

上幹總業的本設備從一九九一年七月開始啓用，事實上已經有兩年以上的運作時間，如稍後所叙述的，在島根縣安來市也有處理塑膠垃圾兩年的實績。

最近，這個技術在報章雜誌或媒體廣爲介紹之後，行政及產業廢棄物處理業者、塑膠廠商等相關業者來此觀摩。

雖說是實驗設備，可是裝置卻非常地龐大。這個裝置曾經在一九九三年五月，於東京的晴海召開「廢棄物處理展」，及「環境展示會」等各地展示。在會場實際演練在幾秒內將塑膠垃圾變化爲燈油的實驗。觀摩者可以自己實際體驗，親自將發泡苯乙烯丟入反應爐中，幾秒後就可以看到塑膠變成的燈油。

從實驗設備管流出的液體爲金黃色，味道是普通燈油的味道。

將一部分的液體盛入盤中，放入燈芯後點火就能燃燒，的確是燈油。即使用分析裝置加以分析，發現與市售燈油的成分也完全相同。而且，確認了許多次。

## 在晴海召開的廢棄物處理展
## （1993年5月10日～13日）的公開實驗情景

根據說明，一公斤的廢棄塑膠最多可以轉換爲一・二公升的燈油，得到的燈油也可以利用倉田所發明的簡單方法轉換爲輕油，可以用來運轉這個裝置的設備，以及當成廢棄物搬運車的燃料使用。

看到這種情形，觀摩者都忍不住發出驚嘆之聲：「眞是太棒了！好像變魔術一樣哦！」「眞難以相信啊！這眞是值得獲得諾貝爾獎的發明。」但有的人不相信道：「現代科學不認爲塑膠可以在一瞬間變成燈油，一定是騙人的。」不相信的人，大多是瞭解現代科學的技術者。

到底是眞正偉大的技術，還是騙人的把戲，只要看看上幹總業的運作實績就可以瞭解了。上幹總業的設備一天可以將廢棄塑膠

在日本松江市上幹總業內的廢棄塑膠油化還原裝置的設備外觀（左）與內部（右）

還原爲五噸的燈油。過去兩年來，安來市總共處理了數百噸的塑膠垃圾，這是無庸置疑的實績。

上幹總業的設備，不論是塑膠的破碎、投入、油化還原等，全都是利用自動化進行。觀摩者可以實際去觀摩其運作情形。

此外，塑膠垃圾利用破碎機自動壓碎爲三公分以下的碎塑膠，一次大約將五十公斤的碎塑膠投入漏斗中。塑膠進行油化還原爲燈油，可以在極短的時間內進行。觀察運作的情況，再五分鐘後進行下一次投入。

五分鐘處理五十公斤的塑膠，一小時就能處理六百公斤的塑膠。如果一天運作八小時的話，就可以處理大約五噸的廢棄塑膠。

## 達到九十％以上垃圾減量化的安來市

島根縣安來市是人口約三萬三千人的小城，安來市最近成爲全國聞名的「塑膠垃圾不掩埋、不焚燒的資源化城市」。理由是安來市的塑膠垃圾全部都利用先前所敘述的「廢棄塑膠油化還原裝置」還原爲燈油。事實上，安來市所蒐集的塑膠垃圾，不是在城市中加以處理，而是付錢請前述的上幹總業處理的，已經有兩年以上的實績了。

去拜訪負責處理安來市相關事項的安來市環境對策課資源垃圾對策部門的石橋富二雄股長，向他請教。根據石橋說，安來市利用油化還原裝置處理塑膠垃圾，是因爲發現了未經市許可而丟棄的垃圾，也就是以「垃圾非法丟棄事件」爲關鍵。

事件發生時，安來市正缺乏丟棄垃圾的場所。而松江市的上幹總業當時導入了廢棄塑膠還原爲燈油的裝置而開始運作。聽到這個幸運的消息，石橋覺得是上天的幫助，因而趕緊聯絡上幹總業，從一九九一年十一月開始處理塑膠垃圾。

決定將塑膠垃圾採用燈油還原處理的安來市，開始指導市民要將垃圾分類。將塑膠

從日本島根縣安來市收集來的塑膠垃圾

垃圾充分洗淨，放入透明的垃圾袋中，寫上名字，一個月回收一次。

最初市民不願意配合，但是現在發現塑膠垃圾能夠轉換爲燈油回收資源，有助於環境保護，因此，市民積極地協助，開始將垃圾分類。

根據石橋說，與掩埋塑膠垃圾的處理法相比，令人感到驚訝的是現在減少了九十%以上的垃圾量，也就是說垃圾中塑膠所佔的比例非常龐大。所以，原本預計在十年後就不敷使用的安來市掩埋場，現在可以使用三十年~五十年了。

訴說「可以減少90%以上的掩埋處理」的安來市環境對策課的石橋富二雄股長

現在安來市請上幹總業處理廢棄塑膠，一立方公尺支付三千五百日幣。而安來市掩埋垃圾處理的經費，包括處理場的總公費在內，一立方公尺需要一萬八千日幣。就經費面而言，也有許多的優點。

而我認爲對於數量龐大的塑膠垃圾，不用掩埋處理的方法，也不加以焚燒處理，卻又可以當成回收資源再使用，對於環境面的優點更大。

## 瞬間化爲燈油的秘密在於「化學反應室」

廢棄塑膠能夠瞬間還原爲燈油，對於熟悉現代科學技術的技術者而言恐怕很難相信。現在的科學技術不論廢棄的塑膠種類是什麼，都認爲在技術上很難選擇性地將其分解爲燈油。

現在廢棄塑膠的油化分解技術，是用四百度C以上的高溫，使用觸媒分解塑膠，使其成爲油。這種方法稱爲熱分解法，所得到的油脂不是一種，而是混合油，想要再利用的話，必須經過精製才能使用。

而且，能夠處理的塑膠種類有限，爲了進行高溫處理，因此需要大量的能源，也必須要有大型的裝置，在處理上花很多的時間。此外，還會產生焦油或戴奧辛等有毒氣體，有許多的問題。

而倉田式油化還原裝置到底是基於何種原理，能夠使得廢棄塑膠成爲燈油呢？讓我們來看看他的技術。

裝置首先是溶解廢棄塑膠，然後再進行分解、排列，將氣化的氣體凝縮液化而回收燈油。最初的溶解是在「減容液化室」進行的。在這裡應用大氣壓，一直保持一百四十度C左右的溫度，破碎爲三公分以下的廢棄塑膠，從漏斗中投入「減容液化室」，系統封閉之後，將減容促進劑噴灑在塑膠上。噴灑量爲塑膠重量的千分之一，非常地少。而噴灑了減容促進劑之後，塑膠也會溶解爲液狀，這時系統慢慢將氣壓上升爲一・八。

只要噴灑就可以溶解塑膠的減容促進劑，是倉田所開發的主要成分，爲燈油的特殊液。液化完成之後，活門自動打開，將液體全部移送到化學反應室，在短時間內即移送結束。

「化學反應室」是以人氣壓維持兩百～兩百五十度C（設定爲兩百三十度C），充塡包括鋁、鎳、銅在內的五種金屬觸媒。液化塑膠在化學反應室分解再排列，成爲氣體取出，然後再利用事前經過溫度調整的電容器，只將當成燈油的部分液化，然後回收燈油。

在化學反應室沒有氣化的物質會成爲殘渣，從裝置下排出。氣化的成分幾乎是燈油，但是氯化氫等有毒氣體或甲烷、丙烷等燃料氣體則另外進行處理回收。

倉田式廢棄塑膠油化還原裝置的過程如上，將塑膠瞬間化爲燈油的秘密在於「化學反應室」。倉田說這是企業秘密，而且即使說明，大部分的人也都不瞭解，

## 反應簡圖

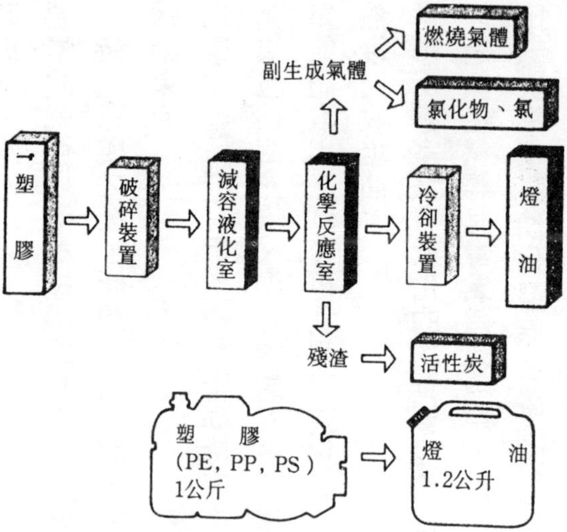
燃燒氣體
副生成氣體
氯化物、氯
塑膠
破碎裝置
減容液化室
化學反應室
冷卻裝置
燈油
殘渣
活性炭
塑膠
(PE, PP, PS)
1公斤
燈油
1.2公升

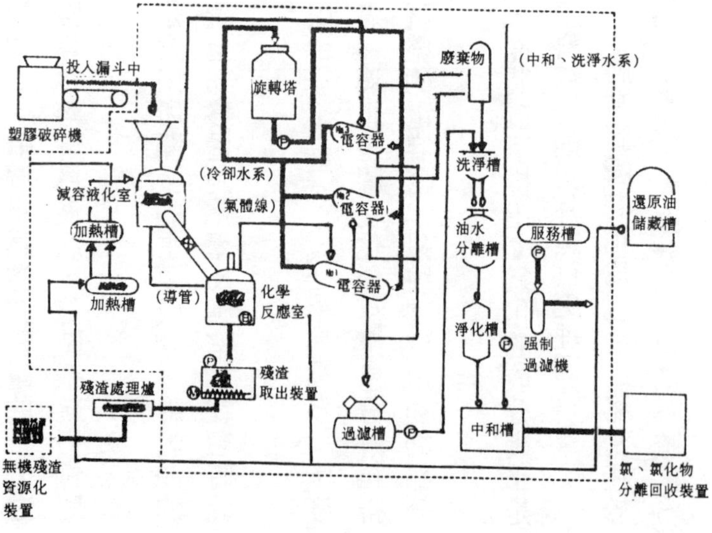
投入漏斗中
塑膠破碎機
旋轉塔
廢棄物
(中和、洗淨水系)
電容器
(冷卻水系)
(氣體線)
電容器
減容液化室
加熱槽
電容器
加熱槽
(導管)
化學
反應室
洗淨槽
油水
分離槽
服務槽
還原油
儲藏槽
淨化槽
強制
過濾機
殘渣處理爐
殘渣
取出裝置
過濾槽
中和槽
無機殘渣
資源化
裝置
氯、氯化物
分離回收裝置

在松江市的實驗設備

實驗設備的反應容器中裝入塑膠垃圾

按下裝置的開關，三秒後流出的燈油

所以並沒有詳細地說明。

明白的只是反應溫度，以及使用鋁、鎳、銅等五種金屬觸媒而已。

現代科學利用金屬觸媒，維持兩百到兩百五十度C的低溫，想要將塑膠瞬間化爲燈油等特定成分，進行選擇性分解的技術還未開發出來。而且，這一類技術的開發非常困難。

測試流出的燈油是否能燃燒的燃燒實驗

因此，對於明白現在科學技術情報的人而言，倉田所開發的裝置因爲「絕對不可能辦到」的先入爲主觀念，而無法接受。

## 經由成分分析而瞭解技術的獨特性

認爲塑膠不可能瞬間化爲燈油的人，有證據顯示倉田所開發的技術與熱分解分解法的技術完全不同。以下的說明稍微具有專門性，請各位原諒。

最進步的塑膠熱分解法是由F社開發出來。而這是與通產省工業技術院北海道試驗所開發的基本技術爲主來進行的。日本的F社一年可以處理五千噸的垃圾，具有商業規模的實驗實證設備在運轉中。

塑膠中含有聚苯乙烯。這是苯乙烯化合物大量聚集而成的塑膠。苯乙烯是具有龜殼形狀的苯環的芳香族碳化氫的同類。此外，還有不具有苯環的鎖狀碳化氫。鎖狀碳化氫又分爲飽合碳化氫和不飽和碳化氫兩種。

次頁是介紹F社利用熱分解法分解聚苯乙烯，以及日本理化學研究所的油化還原法分解聚苯乙烯時的生成油與碳化氫的構成比。看了之後會發現倉田式分解法與F社利用的分解法，所形成燈油的碳化氫構成比完全不同。

聚苯乙烯擁有苯環，所以光是切斷鎖加以分解的話，會形成含有許多芳香族碳化氫的成分。事實上，F社熱分解法的生成油，幾乎都是芳香族碳化氫。但是，日本理化學研究所的倉田法，芳香族碳化氫的比率爲二成以下。

看這個資料就可以瞭解，倉田法不是熱分解法，而可以說是嶄新的方法。而這個比較資料的詳細情形，寫在科學技術家玉山昌顯的『燃料及燃燒』一書中。

倉田式廢棄塑膠油化還原裝置，能夠使塑膠垃圾變爲燈油，所得到的燈油成分與一般市售的燈油成分有一部分不同。

由聚苯乙烯分解的生成油的組成

| | F社（熱分解法） | 日本理化學研究所（倉田法） |
|---|---|---|
| 飽和碳化氫 | 4.8% | 82.2% |
| 不飽和碳化氫 | 3.7% | 0% |
| 芳香族碳化氫 | 91.5% | 17.8% |

不同點就在於一般燈油含有很多的硫磺，而幾乎不含有氯。但倉田法所取得的燈油中的硫磺成分非常少，含有少量的氯。

倉田式燈油中所含的氯量，當然在容許量以下，而燈油含有氯，就證明了已經分解了含有氯化乙烯等氯的塑膠。

所以，倉田法的燈油並不是利用熱分解法造成的，而與一般的燈油不同。

## 油化還原裝置的關鍵在於「宇宙能量反應」

事實上，倉田法能夠瞬間選擇塑膠將其分解爲燈油，而且過去兩年在松江市的上幹總業運作設備展現實績，所以的確是眞正的技術。

由生成油的分析就可以發現不是熱分解法所造成的，那麼到底是使用何種技術呢？

根據推測，這個技術應該就是本書主題之一「宇宙能量」，而直接詢問倉田時，他說：

「你眞的很瞭解嘛！的確是使用空間中的能量進行反應。空間能量就是宇宙能量，我所開發的方法就是宇宙能量利用技術。現代科學並不承認宇宙能量，因此我不能夠以宇宙能量所引起的反應來加以說明。即使說明，也沒有任何人會瞭解。」

這就是倉田的明快回答。

總之，化學反應室形成宇宙能量的緊密空間，在存在宇宙能量的狀況下進行反應。充塡金屬觸媒，反應與金屬觸媒有關也是事實。因爲觸媒作用也與宇宙能量有關，才能發揮作用。

根據倉田說，構成塑膠的高分子鎖切斷的分解反應，就好像將念珠線切斷，念珠掉落一地一樣，會在瞬間發生。化學反應室可能就是宇宙能量豐富的環境場吧！因此反應非常快速，而且會選擇性地產生反應。

倉田又說：

「現在將塑膠分解爲熔油，如果反應溫度及觸媒等條件加以改變的話，也可以只形成汽油或者是輕油。而將其分解爲燈油，主要是減少在消保法上以及稅法上的問題。」

這是他的說法。

如果要稍微加以說明的話，形成燈油的反應溫度爲二百三十度C，要形成粗汽油的話爲一百七十度C、汽油爲一百八十度C、輕油則爲二百八十度C。當然也可以替換觸媒。根據倉田說，現在單獨油的生成，他並不感到滿意，最後的目標是希望能夠分解乙烯。

由此可知，宇宙能量下存在著化學反應富有選擇性，速度非常地快，而且可以進行各種的應用。

倉田並沒有詳細地告知在化學反應室到底是以何種方法發生宇宙能量，但是我想這是發明的重點，當然也是企業秘密。

不過，倉田卻告訴我說「颱風的漩渦」是一大啓示。先前說宇宙能量可以藉著運轉和旋渦運動取得。

倉田的裝置產生宇宙能量的方法，可能就是使用「漩渦或是旋轉運動」吧！但是可能不只如此，應該搭配了其他的方法才能產生宇宙能量，才能夠瞬間選擇產生塑膠的油化反應吧！聽說倉田也開發了能夠控制宇宙能量強度及波長的技術。

## 利用多次元科學成功地使各種技術實用化

開發將塑膠垃圾瞬間變爲燈油的偉大裝置的倉田，到底是何種人物呢？

倉田是出身於日本三重縣的日本人，但是具有不同於日本人的風貌，以帶有關西口音的溫柔語氣說話，是一位溫厚的紳士。甚至有人說他就好像外星人一樣。

在此稍微介紹一下倉田的經歷。

倉田在國外大學學習應用物理，以「燃燒學」取得學位。畢業後在海外的大學任教，於研究所從事與燃燒有關的工作。回到日本之後，曾去視察四日市和水俣等公害城鎮。當時，他想「一定要有人進行防止公害的研究才行」。因此，才開發了現在處理塑膠垃圾的裝置。

倉田在大學學習的時候，對於現代科學感到懷疑。

「雖然世間有許多神奇的現象，但現代科學卻不能說明這一切。這就表示現代科學有缺陷。而這個缺陷可能就在於現代科學只研究肉眼看得到的物質世界吧！在空間中的確存在著現代科學難以掌握而無法捕捉的能量，但是，現代科學卻沒有察覺到存在於空間中的能量。」

基於以上的想法，他開始研究現代科學無法捕捉、屬於現代科學範疇外的科學研究。

所謂現代科學範疇外的科學，就是宇宙能量的研究等。

倉田一直感興趣，而且想要研究的主題就是「能量與食糧」。因爲這兩者對於人類生存而言都是重要的主題，倉田可以說是具有充滿人類愛的偉大人性的人。

倉田在距今八年前開始有關於塑膠垃圾分解的研究，塑膠垃圾即使以掩埋處理或焚燒處理，都會有問題，他覺得再這樣下去，事態將會演變得非常嚴重，他因此開始研究。最初研究的方法是現代科學使用的熱分解法。

但是，他知道用熱分解法來處理非常困難，所以想到利用以前所研究的宇宙能量的方法。花了幾年時間，開發出現在的倉田式廢棄塑膠油化還原裝置。當然，開發費用非常龐大，但是現在總算得到了報償。

根據倉田說，現在也是如此。發明的啓示通常在淸晨四點到六點時得到靈感。而與其說是得到，還不如說是有人給與他；與其說是自己要做現在的工作，還不如說是一種肉眼看不到的力量驅使自己做這些工作。

倉田年輕時對於現代科學感到懷疑，長年研究超越現代科學範疇的科學，也就是「多次元科學」，終於成功地使得多次元科學的技術實用化。

倉田的多次元科學的研究開發成果，不只是廢棄塑膠的油化還原裝置的開發而已，還進行了以下的技術開發。

**◆選擇原油分解爲必要成分**

除了本章說明的塑膠選擇性分解爲燈油的技術，他還開發了利用原油中只抽出粗汽油或是汽油、燈油的技術。根據倉田說，原油選擇分解技術的開發比塑膠的選擇分解更早，以這個技術爲基礎，而開發了塑膠選擇分解法。

這個技術除了原油以外，也可以選擇性地分解油砂和重油等，況且已經有海外的產油國和他洽詢引進技術的問題。

**◆利用高熱量使甲醇變成乾淨的燃料**

甲醇的發熱量約四千三百大卡／公升，比較低。倉田開發出利用酵素將其發熱量變成九千三百大卡／公升，成爲乾淨的「M一〇〇」燃料的技術。

**◆只要一點點的能量，就能使水分解爲氫和氧**

在水中添加倉田所開發的酵素，就能夠輕易地將水分解爲氫和氧，所得到氫燃燒後，就能得到乾淨的燃料。

**◆利用永久磁石的能量使汽車行駛**

先前已經敘述過可以從永久磁石中取得能量，倉田已經開發出從永久磁石中取出能量，使汽車奔馳的技術。搭載二十四伏特的電瓶，但是電瓶只有在啓動時才需要，奔馳以後就能補充電力，所以電瓶中的電力不會減少。

基本上，以永久磁石的磁力爲能量使車子奔馳，這個車子的時速可以達到七十公里，而這種車子現在在臺灣使用。不過，據說不久後要帶到日本，改裝更強力的磁石，希望時速能達到一百五十公里。

**◆使用宇宙能量促進植物的成長**

倉田認爲宇宙能量不只適用在化學上，同時他也開發出適用於生物，促進植物成長的技術。米或蔬菜不僅成長快速，而且礦物質等營養成分也增加了。

**◆使用宇宙能量製造美味的肉牛**

神戶牛和松坂牛爲了讓牛成爲美味的肉牛，因此讓牛喝啤酒。而倉田使用宇宙能量，也成功地製造出美味的肉牛。歷經五年才會成長爲成牛的牛，只要三年就能成爲成牛。據說這次的實驗將會在北海道進行。

由以上所敘述的，倉田利用我所提倡的宇宙能量深入研究超越現代科學的多次元科學，已經展現了許多的成果。而「倉田式廢棄塑膠油化還原裝置」，只不過是其中的一個例子罷了。

## 檢討廢棄塑膠油化還原裝置的經濟性

裝置設備的價格以一日處理五噸的話爲四．五億日幣、一日處理十噸爲八億日幣、一日處理十五噸爲十一億日幣、一日處理二十五噸爲十八億日幣。雖然可製造出一日處理三百噸的設備，不過考慮到搬入車的數目，以及到達回收範圍處理場爲止的距離，因此，以一天處理二十五噸的設備最經濟。

運轉成本爲一公斤塑膠七元日幣（其中包括溶解促進劑五元日幣，以及儲藏室二元日幣）。與熱分解方式相比，只需要十分之一到二百分之一的成本，非常便宜。而運轉者的人事費用也是需要的。以上就是支出。

而收入方面，如果是進行委託處理的話，則包括委託處理費用以及所產生燈油部分的附加價值在內。

委託費用就以安來市支付給上幹總業爲例，稍微探討一下。

安來市的委託處理費一立方公尺（壓縮之後平均爲九十公斤）爲三千五百日

幣，以一噸來算的話，約爲四萬日幣，以公斤來算的話約爲四十日幣。

而將燈油當成燃料使用的話，一公斤約爲五十日幣。所以以收入來看，塑膠垃圾一公斤約九十日幣。

以設備的使用費以及運轉成本一公斤九十日幣，想要賺錢的話的確有點困難，但是只要能提高自治體的委託處理費用，當然就能賺錢。

安來市的掩埋費用，一立方公尺爲一萬八千日幣，如果焚燒處理塑膠垃圾的自治體，必須要支付設備費、燃料費、裝置的維修費用、焚燒灰的搬運和掩埋費用、人事費用等等，金額相當龐大。不論是掩埋或焚燒，需要支付龐大的處理費用。

自治體在這一方面花費的費用應該超過委託處理費，因此，採用委託處理的方式應該更富於經濟性。

如果民間的廢棄物處理業者導入裝置認爲不划算的話，則自治體也可以拿出輔助金來加以援助。

塑膠垃圾不用掩埋、焚燒，而且能夠將其資源化，的確是劃時代的發明。以往並沒有這種劃時代的技術，因此，不得不採用掩埋處理或焚燒處理的方式。

倉田好不容易將以往不可能的廢棄塑膠瞬時化成燈油的偉大技術開發出來了，

應該要積極地加以活用才對。

現在地球的環境問題非常嚴重，因此，應該要禁止掩埋或者是焚燒塑膠，採取將其全部油化還原成爲燈沖的政策才對。

## 倉田式廢棄塑膠裝置的劃時代優點

在此爲各位整理叙述倉田式廢棄塑膠油化還原裝置的優點如下：

- 反應時間爲數秒鐘，在極短的時間內就可以還原爲燈油。
- 不論廢棄塑膠的種類爲何，即使是混合物也能處理。
- 就算是含有氯化乙烯等含氯的塑膠，外部不會出現氯化氫氣體，能夠將其分解處理掉。
- 廢棄塑膠的分解大約在兩百～兩百五十度C、大氣壓下進行，因此，裝置的安全性極高。
- 運轉的能量消耗較少，運轉成本較低。
- 可以連續投入塑膠，能夠自動運轉。
- 也能處理塑膠以外少許附著的垃圾。

・處理廢棄塑膠一公斤，最高可以得一・二公升的燈油，達到九十八％的高回收率。
・廢棄垃圾的對策非常完善，有毒氣體不會排出到外部。
・裝置爲小型、不佔空間。
・具有過去兩年以上，在日本島根縣安來市的塑膠垃圾全部處理掉的實績。

## 應該普及於世界的廢棄塑膠油化還原裝置

在此列舉了倉田式廢棄塑膠油化還原裝置具有的各種優點，的確是偉大的裝置。以往只能夠用焚燒或是掩埋處理方法的塑膠垃圾，現在瞬間就能還原爲燈油，的確是劃時代的發明。

裝置的性能太好了，因此有人懷疑這是一種詐騙的手段，但是這眞的是好的裝置。

有現代科學無法說明的部分存在，因爲這是利用現代科學還無法認知的宇宙能量，而開發出來的多次元科學技術。

倉田開發的裝置如果普及於社會的話，也許才能夠讓大家瞭解到利用宇宙能量

預定最近交貨，正在組裝中的
25噸/曰的油化還原裝置

的偉大技術，能夠促進對宇宙能量的認知。

倉田開發的油化還原裝置的一號機，已經由松江市的上幹總業使用，持續兩年以上沒有任何問題而順利運轉。基於這個實績，從一九九三年五月開始，積極地進行營業活動，結果到目前爲止被訂購了十幾件裝置。

到一九九五年六月爲止，埼玉縣、大阪府、富山縣各有一機設備運轉，到一九九五年末時，預計還有數架設備會開始運轉。許多設備在日本各地應用，所以倉田所開發的廢棄塑膠油化還原裝置深獲好評，而且應該會加速普及吧！

垃圾中塑膠所佔的體積非常龐大。將現在採用掩埋的方式處理塑膠垃圾，會成爲塑膠垃圾山。地球環境污染日益嚴重，不能再讓塑膠垃圾污染地球了。

處理塑膠垃圾的理想方法已經開發出來了，我認爲今後應該要禁止使用掩埋處理或焚燒處理的方式來處理塑膠垃圾，應該規定業者有義務去採用油化還原的方式來處理。因此，拿出塑膠垃圾的一般市民只挑出塑膠垃圾，必須要做這一方面的積極協助。

塑膠垃圾的油化還原化，不只是日本實行，應該要以地球規模來進行。

# 第五章

## 宇宙能量是萬能的超能量

## 在身邊的宇宙能量

現代科學一直不認知先前所說明的宇宙能量，不認知的理由是因爲粒子太小，無法檢測出宇宙能量。但是，宇宙能量的確無窮盡地存在於我們周圍的空間，而且以各種形態出現在物質世界，只是人類沒有察覺到宇宙能量而已。

接下來爲各位列舉宇宙能量在物質世界所產生的現象。而關於如何知道這些是由宇宙能量所產生的現象和效果，利用稍後叙述的測定手段，實際確認產生的宇宙能量，各位就能夠瞭解了。

### ◆氣功的氣能量與瑜伽的普拉納

現在正掀起氣功熱。氣功是從周圍空間吸收氣能量的身心鍛鍊法，氣能量的存在，不久前還沒有人知道，可是NHK電視臺的節目報導了氣功的氣能量之後，許多電視臺都爭相播放這一方面的節目，因此，已經有很多人知道氣功的氣能量，並認同它的存在。

氣功的氣能量，就是宇宙能量。

而與氣功同樣屬於身心鍛鍊法的就是瑜伽。瑜伽中稱爲普拉納的能量就是宇宙能量。

氣功或瑜伽都是從周圍的空間中將宇宙能量吸收到體內，成爲氣或普拉納，能夠恢復健康、治療疾病、展現超能力等。

氣功和瑜伽是以緩慢腹式呼吸的方式，將宇宙能量吸收到體內。我們平常的呼吸中不知不覺地吸收了宇宙能量，但是氣功和瑜伽卻能大量吸收宇宙能量。

因此，宇宙能量具有恢復健康、治療疾病、超能力的發現等各種效果。

## ◆森林浴的效果

到森林去可以消除疲勞、使身心輕爽，這就是森林浴。這是因爲森林中的樹木不斷吸收來自空間及土中的宇宙能量放射出來的。有的人用手掌就能感覺到氣的能量，尤其到森林去時，更能強烈感受到這一點。

尤其，是樹齡超過數百年或數千年的大樹，能量更強。

樹木中像檜木，更能強烈蓄積放射宇宙能量。用檜木製造的住宅或是澡桶對健康很好，主要就是宇宙能量的效果。

## ◆漢方藥的效果

漢方藥大部分是植物，而且以藥草爲原料。漢方藥的藥效能夠以化學分析測定出來的，當然是成分的效果，但是即使進行化學成分的分析，仍不瞭解藥效成分的情況也非常多。漢方藥最大的特徵就是慢慢地發揮效果。慢慢發揮效果的漢方藥的藥效，就是來自於藥草所蓄積的宇宙能量。

因藥草的不同，可以治療的疾病也不同，這就是因爲宇宙能量的波動不同。所有的植物不斷地吸收宇宙能量而生存，其中特別能夠強力吸收宇宙能量加以蓄積的植物就是藥草。例如，高麗人蔘、艾草、蕺草、葛、甘草、枸杞、靈芝、蘆薈、蒜等。

放射宇宙能量的不只是樹木和藥草而已。花草和蔬菜也不斷地吸收宇宙能量，並放射出來。不使用農藥，自然成長的花草和蔬菜，含有強力的宇宙能量。

普通蔬菜如白蘿蔔或白蘿蔔葉、胡蘿蔔、牛蒡、乾香菇混合在一起，用小火長時間熬煮的蔬菜湯，對於癌症等各種疾病有效。這就是因爲蔬菜中所蓄積的宇宙能量和礦物質的相輔相成效果所致。

**◆溫泉的醫療效果**

泡個溫泉能改善各種疾病。溫泉的水是充滿宇宙能量的水。溫泉水做成的「湯之華」粉末，在家庭中泡澡時可以使用，據說可以得到與溫泉同樣的效果。這個

「湯之華」經由確認，證明它能產生強力的宇宙能量，所以溫泉的醫療效果大多是來自於宇宙能量。

溫泉水爲何能充滿宇宙能量呢？因爲地球內部越到中心，越充滿宇宙能量。而溫泉吸收地球內部熱的過程中，就吸收了從內部散發出來的宇宙能量。

**◆各地名水的甘甜**

各地的名水都非常美味，對健康很有助益，大部分是因爲其中所含有的礦物質效果。但是不只如此，因爲水在地下能吸收大量的宇宙能量，所以對健康很好。

融化的雪水非常美味，用其煮出來的飯也非常美味，就是因爲雪大量吸收了宇宙能量所致。宇宙能量如稍後所說明的與圖形共振，而且可以從圖形中放射能量。尤其是六角形會強力地放射宇宙能量。

水是容易吸收宇宙能量的物質，而雪具有六角形的結晶構造。因爲這兩個原因，所以雪中充滿宇宙能量。

水吸收宇宙能量，水分子束變小，出現還原電位下降的現象。

**◆天然鹽的健康效果**

不要使用市售的工業製造的普通食鹽，使用在太陽底下曬出來的天然鹽，具有極高的健康效果。可以確認天然鹽會強力產生宇宙能量。天然鹽強力產生宇宙能量，是因爲它的原料——海水充滿宇宙能量。天然鹽含有豐富的礦物質，不僅具有健康效果，同時礦物質與宇宙能量相輔相成的效果對健康很好。

海水深處比表面充滿更多的宇宙能量，這是最近得知的事實。根據高知縣室戶市的深層水研究所的研究，在水深三百二十公尺處汲取海水，將這個海水塗抹在異位性皮膚炎孩子的身上，據說對於異位性皮膚炎有治療效果。不只如此，用這個海水飼養各種的魚和海藻，成長非常快速，收穫量比平常更多，不容易罹患疾病，具有各種效果。而這些都是來自於宇宙能量的效果。

### ◆木炭的各種效果

用木炭煮的米和肉非常地好吃，此外，把木炭埋在土中會使整個環境變得很好。如果是住宅地的話，居住在此處會對健康很好，如果是農地的話，農作物的成長迅速、收穫量增加。將木炭放入飲水中，能夠形成美味健康的水。泡澡時使用，具有如溫泉般的恢復健康效果。

這也是來自木炭的宇宙能量效果。樹木充滿宇宙能量，焚燒樹木做成的木炭也充滿著宇宙能量。不只如此，炭具有容易集積放射宇宙能量的性質。先前已經說明過，大量集積宇宙能量時就會形成電子。也就是說，炭具有在自己周圍容易形成陰離子的性質。

**◆酵素的各種效果**

酵素的種類非常多，將多種酵素混合服用的話，對於癌症等疾病有效。這就是來自酵素的宇宙能量效果。

酵素在生物體內是促進化學反應的蛋白質，但現代科學對於其促進反應的構造還無法充分瞭解。

因爲檢測出酵素能夠放射出強烈的宇宙能量，因此，瞭解到酵素能夠從空間中取出宇宙能量，並具有將其強力放射出來的作用。所以，利用酵素促進反應的能量，可視爲酵素放射的宇宙能量。

宇宙能量具有促進動物和植物成長的作

**灑植物活性酵素「旦千花」後，長出長2m、重20kg的巨大白蘿蔔**

用。酵素能產生強力的宇宙能量，因而在栽培植物的時候灑上酵素液，將宇宙能量給與植物，就可以促進植物的成長。

事實上，有一種叫做「旦千花」的植物活性酵素，稀釋爲一千到一萬五千倍的液體，從種子時期到成熟時期爲止，適量地灑一些，不僅植物的成長迅速，同時能形成如一六七頁圖片所示的大型蔬菜，收穫量驚人。如此種植出來的蔬菜、水果非常美味，而且營養價值極高。

此外，(株)旦千花所販賣的「萬田酵素」，是含有多種植物酵素的食品，對於癌症或糖尿病等疾病具有加以治療的效果。這也是來自於酵素的宇宙能量效果。

**◆發酵菌等的健康效果**

前述酵素具有強力放射宇宙能量的作用，而乳酸菌、酵母菌、麴菌等細菌體內，具有各種的酵素，因此，會不斷地將宇宙能量釋放到體外。

事實上，乳酸菌、酵母菌、麴菌等發酵菌強力放射出宇宙能量，發酵菌在製造食品發酵過程中會強力放射宇宙能量，因而發酵食品中含有大量的宇宙能量。

乳酸飲料、味噌、納豆、黑醋等具有恢復健康、預防疾病的效果。日本酒是發酵製造出來的，所以，也含有大量的宇宙能量。少量的日本酒具有藥效，理由就在於此。

舊蘇聯格魯吉亞共和國的高加索地方，有很多活到一百多歲的長壽者。在這個地方，自古以來就有喝用多種乳酸菌和酵母菌將牛乳發酵製成的克菲爾（酸乳酪菌）這種發酵飲料。克菲爾中含有大量的宇宙能量。高加索地方的人長壽的秘訣之一，就是在於克菲爾的宇宙能量。

**◆與遺傳及成長有關物質的健康恢復效果**

酵素會選擇性地促進生物體內的反應，從眞空的空間中取出宇宙能量，並加以利用。但是，酵素以外，遺傳、發生、增殖、光合作用、免疫等對生物而言維持生命重要的部分，其功能都在於積極地利用宇宙能量。

例如，含有許多核酸關連物質的物質，或是含有很多葉綠素的綠球藻等，與前述的發酵食品同樣地具有極大的恢復健康、預防疾病的效果。就是因爲這些物質中所含的核酸關連物質或葉綠素，能夠強力放射宇宙能量所致。

**◆鱉、鰻魚和蝮蛇的精力效果**

能夠吸收宇宙能量，放射出來的不只是人類、植物、微生物而已，所有的動物也能吸收、放射宇宙能量。

宇宙能量是一種能量，也相當於精力。強精食品像鱉、鰻魚和蝮蛇等都是。這些動物體內儲存了大量的宇宙能量，因此吃了這些食物就能創造體力。

鰻魚的同類電鰻會產生電，就是因爲體內蓄積了宇宙能量變換爲電釋放出來所致。

### ◆恢復健康的礦物

麥飯石等礦石是治療疾病的礦物，這些是一種花崗岩，由這些石頭所產生的能量具有治癒各種疾病的力量。這個能量就是宇宙能量。

同樣是礦物，還有遠紅外線陶瓷。不需要由外部給與任何的能量，將其放置在室溫中，陶瓷就能放射出能量，具有恢復健康的效果、促進成長效果以及水活性效果等。

現在已經檢測出陶瓷含有微弱的遠紅外線，不過這些效果不光只是遠紅外線的效果而已，陶瓷會放射比遠紅外線更強的宇宙能量。因此，遠紅外線陶瓷的效果，大部分是來自於宇宙能量。

## 總括宇宙能量的效果

雖然很多人沒有察覺到宇宙能量，但是它卻出現在我們生活的各種場面中，我們可以利用它、享受它的恩賜。根據先前的說明，我們可以瞭解到宇宙能量具有各種的作用，在此將本章所敘述的宇宙能量整理說明如下：

**◆治癒疾病、恢復健康效果**

氣功師從人體的外部照射氣（宇宙能量），就能夠消除各種疾病。用溫泉能夠治療疾病、吃喝充滿宇宙能量的食品或水，能夠恢復健康，由此可知，宇宙能量具有治癒疾病和恢復健康的效果。

想要靠宇宙能量克服疾病或預防疾病，是很困難的。這是因爲宇宙能量不是直接治療疾病，而是宇宙能量能提高自然治癒力（免疫力），而能恢復健康，使我們不容易罹患疾病。

**◆促進成長、增加收穫量效果**

宇宙能量透過泥土或者是水對於植物產生作用時，也能促進植物成長。不只如此，穀物、蔬菜或水果等能抵抗病蟲害、成長碩大、密度極高、收穫量增加、非常美味，而且營養價極高。

這些效果不只是在植物的栽培上，飼養家畜如雞、養殖魚等，連動物也是如此。

**◆維持鮮度效果、美味效果**

蔬菜、水果、魚等食物或花等，如果接受宇宙能量作用時不容易腐爛，能夠保持鮮度。如果是食物的話，具有更美味的效果。

**◆水的活性化**

宇宙能量照射在水中，能使水活性化，變成美味的水。宇宙能量水能使細胞活性化，是對於健康很好的水。

現在的飲水水質非常差，含有氯和總三鹵甲烷等化學物質。持續喝這些水，容易罹患癌症或異位性皮膚炎，成爲各種疾病的原因。

爲了預防疾病，一定要喝好水。

水是容易吸收宇宙能量的物質，一旦吸收宇宙能量，使還原電位下降，水分子會合形成的分子束較小。

宇宙能量水不只對於人類有益，對於動物、植物等也有幫助。

現在，自來水水質逐年惡化，很多家庭都安裝了淨水器。但是種類繁多，很多人不知如何選擇。

有很多好的淨水器，不過「早川式還原水」淨水器，具有顯著的消除疾病及恢復健康的效果，是值得推薦的商品。

開發技術者早川英雄長年研究水，而開發出這個產品，讓高周波、低電壓的低電流流過水，在礦物質的存在下，水不會被分解，而會還原。這個水的還原電位與其他的水相比非常低，因此，具有顯著的恢復健康效果。

這個水對於生物體的滲透性非常高，所以容易吸收。大量飲用這種水，對於癌症、糖尿病及肝硬化等有效。而且，也有很多人說異位性皮膚炎和過敏症狀也有顯著的改善效果，因此深獲好評。

淨水器「早川式還原水」

根據早川說，還原水不是直接治療疾病，而是具有提高細胞自然治癒力的作用。結果，就能治好疾病。尤其癌是因爲細胞的氧化所造成的，一旦還原的話，癌症自然就會好轉。關於這些，在早川所寫的『克服癌的水』中，有詳細的敘述。

◆**美容效果**

宇宙能量能使細胞活性化，具有恢復青春的作用，因而有美容效果。用充滿宇宙能量的水作成化妝品，其美容效果極大。

使用宇宙能量水當成洗澡水，與溫泉同樣，水質非常滑順，而且能消除疲勞，對美容有效。

此外，喝宇宙能量水也能得到美容效果。

◆**洗淨效果**

宇宙能量具有洗淨效果，用宇宙能量水洗衣服時，洗劑量可以減少爲一半以下。

如果想要使用宇宙能量輕鬆洗衣的話，可以使用市售的「洗滌Q」放射宇宙能量陶瓷做成的洗衣球。

洗衣使用宇宙能量也具有其他的效果。在洗衣之後排出的水流到下水道，仍然是宇宙能量水，具有使下水道水乾淨的作用。如此一來，也具有淨化地球環境的效果。

◆**芳香效果與消臭效果**

香氣與宇宙能量有關。在我們聞到好的香味時，同時也產生了宇宙能量。事實上，現在已經確認了「香氣」會產生宇宙能量。

有一種芳香療法，就是使用由植物所取得的芳香性精油來消除疾病的方法，這也是宇宙能量所產生的效果。

宇宙能量除了具有芳香效果之外，也具有消臭的效果。

**◆音響效果**

音響裝置或是ＣＤ和錄音帶，如果有宇宙能量發揮作用的話，音質會變得非常好。這是因爲宇宙能量有波動所致。

如果要讓宇宙能量作用於音響裝置，則在擴大器或是在耳機等輸出聲音的部分，安裝會產生宇宙能量的物體，就可以得到效果。

這類裝置使我們聽宇宙能量發生的音樂時，從耳中吸收宇宙能量，也能夠得到恢復健康等各種的效果。

會產生強烈宇宙能量的音樂，包括宮下富美夫等人所作的曲子，可以聽這一類的音樂。

音樂療法也是利用宇宙能量。

**◆提升運動能力及記憶能力**

宇宙能量具有提升運動能力的作用。綁上產生強烈宇宙能量的帶子打高爾夫球時，球飛行距離會更遠，而且具有不容易疲勞等效果。

最近，職棒、全日本排球賽、陸上競技等的運動選手中，有的人會戴水晶項鍊。戴了這些項鍊之後，選手會感覺運動能力提升，而這個效果就在於水晶所產生的宇宙能量。

宇宙能量作用於頭時，能夠提升記憶能力。

**◆提升燃料消費率**

宇宙能量作用於汽車引擎或燃料時，能夠提升燃料消費率以及力量。關於這一點，在第三章中已經說明過了。如此一來，不僅駕駛輕鬆，而且不容易疲倦，不容易發生意外事故。

**◆超能力發現效果**

如果持續待在充滿宇宙能量的環境中生活，吃喝充滿宇宙能量的水或是食物，甚至可以發現超能力。

到底是哪種超能力呢?例如有的人能夠從手中發射宇宙能量，去除他人的病痛，或者是使咖啡或香煙的味道改變等。

### ◆運勢好轉效果

本書並不說明原理，不過，宇宙能量的確具有使人運勢好轉的神奇作用。

## 取出宇宙能量的方法

宇宙能量無窮盡地存在於我們周圍空間的眞空中，但是在眞空中無法利用。如果要加以利用，必須要從眞空的空間中取出到物質世界才行。

在第二章中說過，可以利用共振、火花放電、永久磁石、旋轉等的原理取出宇宙能量。除此之外，還有一些方法，但到底是哪些方法呢？爲各位簡單叙述如下：

### ◆圖形共振放射能量

圖形可以放出宇宙能量。例如，畫出圓形、三角形、五角形、六角形、六芒星、橫八字型等平面圖形之後，這些圖形自然就能放射宇宙能量。當然，依圖形的不同，得到宇宙能量的種類也不同。

有的人的手掌能感受到氣的能量，所以能夠感應到六芒星圖形中強力產生的宇宙（氣）能量。

不使用平面圖形，也可以使用球、半球、三角錐、四角錐等立體圖形。

## 增強宇宙能量放出的圖形例

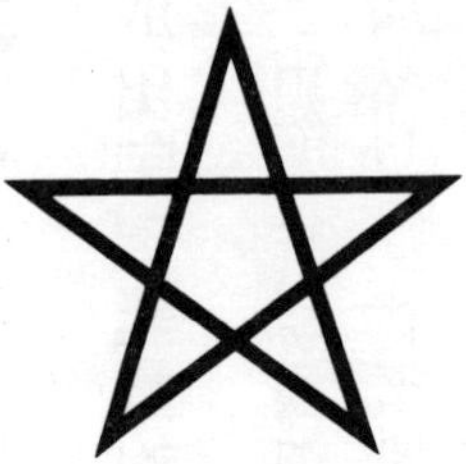

五芒星

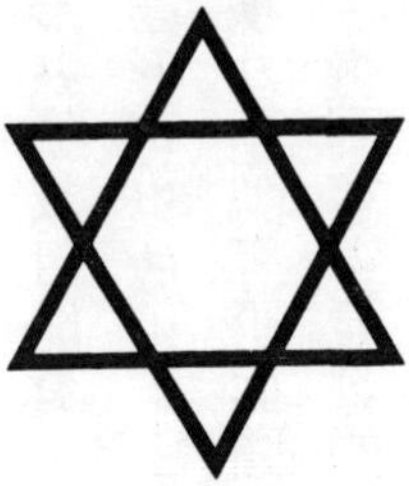

六芒星

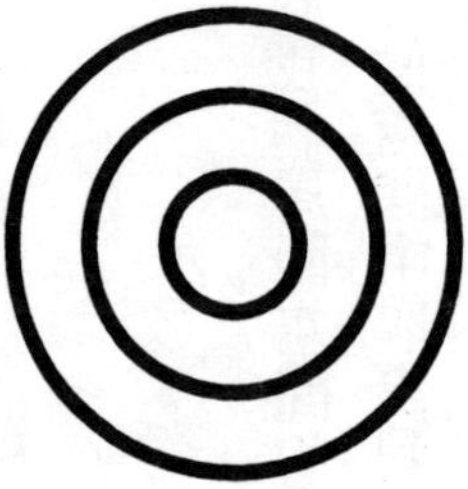

三重圓

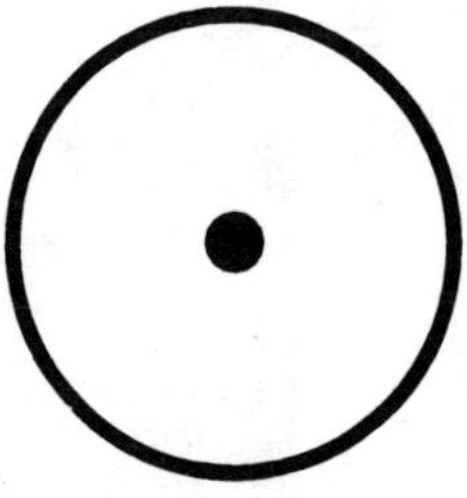

中心有
點的圓

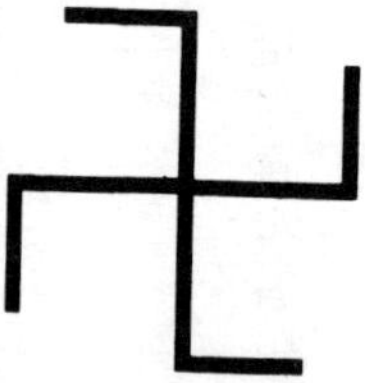

卍字

橫八字形

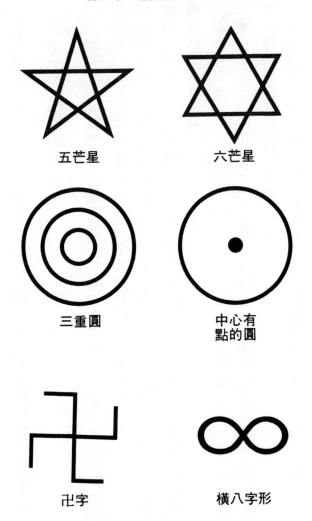

量。

此外，還有所謂的金字塔力量，就是利用金字塔這種四角錐收集放射的宇宙能量。

與埃及金字塔的角度相同，作成形狀相似的小金字塔，邊的方位與磁石的南北對合放置，則金字塔內部的中央，距離下方三分之一的重心位置就能聚集宇宙能量。在這裡放置的鮮花和食物非常耐久，將沒有電的乾電池放在此處，也能稍微恢復電力。

這就是，稱爲金字塔力量的宇宙能量效果。

此外，做圖形時爲什麼會發生宇宙能量呢？關於這一點，我的想法如下：

宇宙能量是以超微粒子的球狀不斷旋轉而形成的，依組合的方式不同，兩個會呈橫八字形旋轉，三個就會成爲三角形旋轉。

在宇宙一旦共振時，就會產生能量移動的現象。在物質世界中作出與眞空中超微粒子世界（多次元世界）類似的圖形，則基於共振原理，多次元世界的能量就會移動到物質世界，而取出宇宙能量。這時依圖形不同，波動的種類及強度、性質也會不同。

即使做出一樣的圖形，當顏色改變時，波動也不同，因而會放射出各種的宇宙能量。

因爲圖形宇宙能量商品研究開發而著名的出羽日出夫，開發出會產生強力宇宙能量的各種能量圖形商品。

各種圖形會產生強力的宇宙能量，這是經由植物栽培實驗而得知的事實。次頁上圖右側是將水裝在水桶中，然後放入能量圖形商品，結果變成能量水，用這種水栽培的蕪菁。而左側則是利用普通水栽培的蕪菁。使用能量圖形的能量水所栽培的蕪菁非常大。這種蕪菁吃起來很美味，而且營養豐富。

出羽的研究開發是基於靈感而進行的。圖形的能量程度與日俱增。新開發的圖形商品幾乎都會產生極高、極強的能量。次頁圖形是出羽最近開發的能量圖形商品。

這個圖形會產生強烈的宇宙能量，因此將手掌罩在圖形上，就會感覺到能量。此外，將裝著水的玻璃杯放在這個圖形上倒入水，瞬間就會變成宇宙能量水。用這個水栽培植物時，植物成長迅速、美味，而且巨大。將咖啡或煙擺在圖形上時，味道也會改變。各位可以做實驗看看，這可以證明圖形會產生宇宙能量。

## ◆旋轉或漩渦能夠吸收宇宙能量

利用出羽日出夫所開發的能量圖形商品，產生的宇宙能量製造出來的水，所栽培的巨大蕪菁（右）與普通的蕪菁（左）

出羽日出夫所開發的能產生强力宇宙能量的圖形。將裝了水的玻璃杯放在這個圖形上，會變成宇宙能量水

宇宙能量會旋轉，因此即使產生各種旋轉或漩渦，基於相似的共振原理，也能吸收宇宙能量。

颱風是以逆時針往左的方向旋轉，颱風剛發生時的威力較小，經過一段時間以後，就會不斷地發達，擁有巨大的能量。颱風的能量是因爲颱風本身製造出漩渦旋轉，從眞空中取出宇宙能量，才會發展得越來越巨大。

而據說人類自己朝左旋轉的話，對於治療疾病也有極大效果。以下就爲各位簡單地介紹一下某位醫師的看法。

他就是兵庫縣赤穗市石川整形外科的石川淸院長（六十歲）。石川醫師是運動醫師，基於運動醫學的立場，認爲椎間盤突出症和脊柱側彎症是因爲身體軸的歪斜所造成的，因此開發出可以做旋轉運轉的「旋轉臺」，展現治療效果。

這個「旋轉臺」是可供一個人站立的圓形臺，利用馬達使其旋轉。患者站在臺上，旋轉臺一分鐘旋轉三十五次，朝左旋轉兩分鐘。這個治療一天進行五次，每天持續進行。這就是石川先生所開發的旋轉治療法。

石川先生認爲這個方法也適用於老年癡呆症的患者，結果發現非常地有效。效果會在一到三個月內出現，許多症狀都獲得改善，甚至有的人恢復爲正常狀態。做

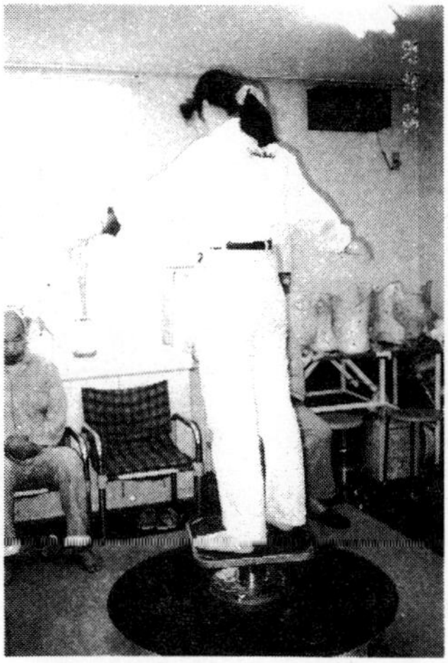

運動醫師石川清（上）
與他所開發的旋轉臺（左）

CT（電腦斷層掃描）調查腦內部的情形，發現隨著疾病的復原，腦也恢復了正常。

石川先生認爲這個「旋轉治療法」對於老年癡呆症以外的疾病也有效。現在，在其他的疾病治療上也納入這個療法。

能夠改善老年癡呆症，這個旋轉療法是人類藉著自身的旋轉吸收宇宙能量，因此，我認爲這應該是宇宙能量的效果。

## ◆礦物和金屬會放出宇宙能量

有些礦物容易放射出宇宙能量，例如先前所叙述的藥石麥飯石和水晶等。

麥飯石是花崗岩的一種，爲火成岩。由於地球內部充滿宇宙能量，所以在某種條件下，長期存在於地球內部時，與宇宙能量共振，而成爲容易放射宇宙能量的礦物。

水晶具有六角形的結晶構造，先前也敘述過，六角形的圖形能放射宇宙能量。水晶六角形的結晶構造與宇宙能量的放射有密切的關係。

水晶是一種寶石，除了水晶以外，其他的寶石也會產生強力的宇宙能量。例如，將電氣石磨成粉末，製成的各種宇宙能量商品，已經製造出並開始販賣了。

此外，金屬也是容易聚集宇宙能量，並加以放射的物質。金屬當中像金、銀、白金、鈀等能夠強力放射宇宙能量，其次像銅、鋁也容易放射宇宙能量。

有一種所謂十一元硬幣健康法。就是將十元和一元硬幣貼在身體上，就能夠得到健康的療法。這是因爲銅製的十元硬幣和鋁製的一元硬幣能夠集合宇宙能量，注入體內所致。

## 宇宙能量的利用方法

根據先前的說明，大家已經瞭解到宇宙能量不只能夠成爲電或熱、產業或家庭用的主能源，同時也能促進免疫力、恢復健康、使水活性化、有美容效果及洗淨效果，具有各種的作用。總之，宇宙能量可以說是萬能的能量。

應該讓所有的人都知道這種好能量的存在及其效果，而且要積極地加以利用才對。

接下來，爲各位說明該如何利用宇宙能量。

## ◆自己吸收宇宙能量

宇宙能量存在於我們周圍的空間，因此自己吸收利用是最基本的方法。

積極進行的方法就是氣功或瑜伽。氣功或瑜伽的重點在於腹式呼吸法，所以自己每天慢慢進行腹式呼吸就可以了。這樣的話，身體就能經常吸收宇宙能量，不僅有助於增進健康，同時也可以成爲具有免疫力的身體，而且也可以利用自己所產生宇宙能量治療他人的疾病。

## ◆利用自然物

自然有很多能放射宇宙能量的物體。

植物方面：森林浴、木炭、藥草、無農藥蔬菜、各種發酵食品以及蔬菜湯等。

動物方面：鱉、鰻、蝮蛇、蜂王漿、蜂膠等。

礦物方面：遠紅外線陶瓷、麥飯石、水晶、電氣石，還有其他的磁氣商品等。

此外，要利用自然的宇宙能量的話，可以利用早晨的日光浴、溫泉以及飲用各地的名水等。

◆利用人工宇宙能量商品

宇宙能量可以用各種方法蒐集，因此，利用這些方法製造出各種宇宙能量商品販賣，也可以加以利用。

例如「GIN」、「FK帶」、「宇宙波動安樂」等。

現在，生活環境非常惡劣，因此住在充滿宇宙能量的環境中，吃充滿宇宙能量的水或食物，努力使自己不罹患疾病，非常重要。

## 宇宙能量的檢測方法

現代科學並不認同宇宙能量，而且是用科學的測定手段幾乎無法檢測。但是，不要依賴現代科學，利用一些方法還是可以檢測出宇宙能量。接下來爲各位敘述這些方法。

◆用手感應

學習氣功或瑜伽的人，可以用手掌感應到宇宙能量。每天進行腹式呼吸，努力吸收宇宙能量，不管是誰都能感應到。

感應的方式是手掌覺得痲痲的，好像被電到的感覺，或者是溫暖或冰冷等。

### ◆利用擺鎚調查

手上拿著綁著線的擺鎚，在無心的狀態下詢問擺鎚。結果，擺鎚與持有者的意識完全無關，會自行旋轉，朝前後左右擺盪，告訴你答案。

事先要決定擺盪的方式與答案的對應，就可以找尋到你要的答案。

利用這個方法就能測定出宇宙能量的強度。

此外，擺鎚對於容易擁有先入爲主觀念及容易受到他人影響的人而言，如果不是非常熟練的話，可能無法得到正確的答案。

### ◆O環測試

O環測試是由醫學博士大村惠昭所開發出來的身體疾病診斷法。藉此也可以調查宇宙能量的強度。

O環測試通常是兩人爲一組進行。首先，被實驗者的左手拿著想要測定的東西，右手拇指與食指指尖對合做成環，而實驗者兩手做成環，拉被實驗者的環。這時打開環需要力量，藉此就可以測定想要測定物的強度。被實驗者不拿東西，用手指著在紙上寫著的圖形，在這種狀態只是在腦海中提出問題也可以。用這個方法就

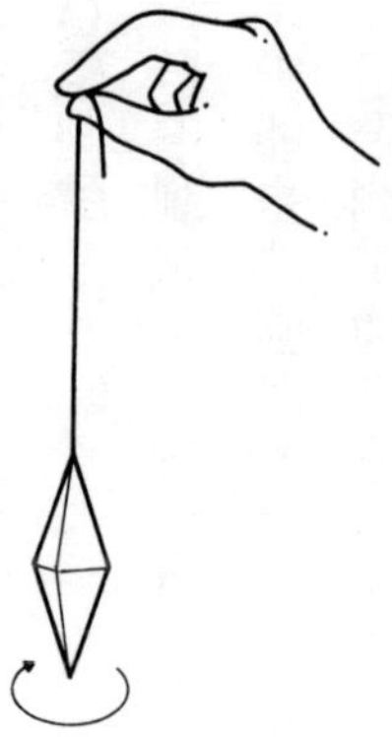

鐘擺（擺鎚）的方法

O 環測試

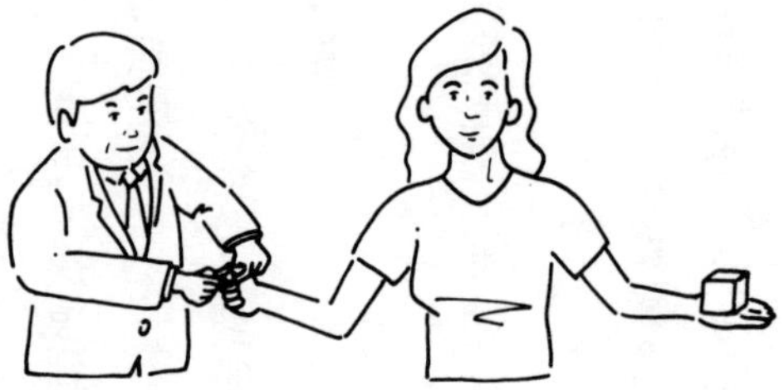

O 環的拉法

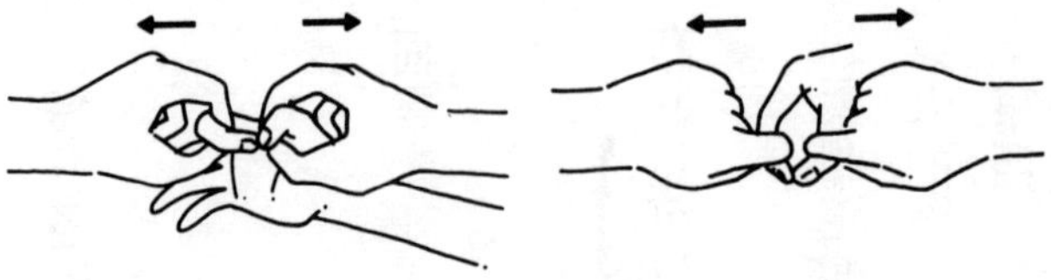

可以調查宇宙能量的強度。

**◆用「MRA」或「LFT調查」**

現代科學雖然沒有察覺，但是物體全都有其固有的波動，會產生各種的波動。而「MRA」或「LFT」就是把測定者當成增幅器，檢測這個物質所產生的各種精妙波動的裝置。

具體而言，像胃、肺、心臟等人體各部分的波動，癌、愛滋病、心臟病等各種疾病的波動，鐵、鉛、金等金屬的波動，米、番茄、橘子、蘋果等植物的波動等，可以檢測所有物質的波動，測定其強弱。

物質所產生的精妙波動就是宇宙能量，簡單地說，「MRA」或「LFT」就是測定各種物質宇宙能量強度的裝置。

把測定者當成增幅器，因此測定者必須是值得信賴的人，而在這一點上，如果能利用科學的機器測定宇宙能量，當然是一大進步。因爲，可以得到某種程度且較客觀的資料。

我想隨著宇宙能量的利用更爲盛行時，今後將會大幅度地使用。

**掌握物質所產生的各種波動的「MRA」與「LFT」。**
**圖片上圖爲「MRA」，下圖爲「LFT」**

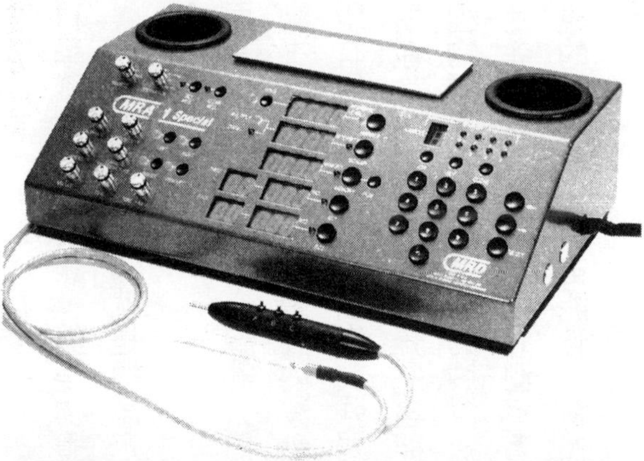


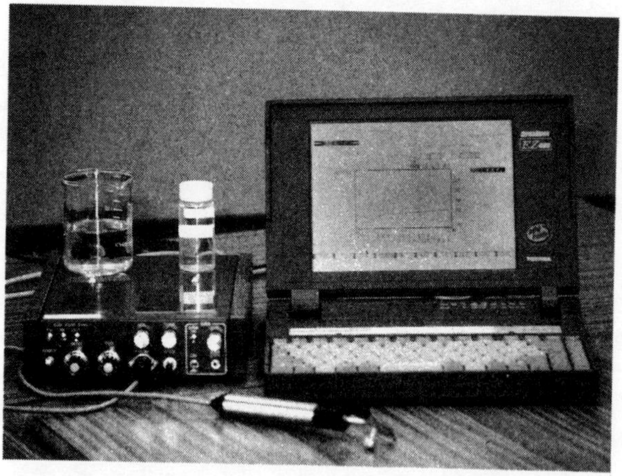

# 第六章

## 引起常溫核融合的宇宙能量

## 何謂原子轉換

到目前爲止在各章中說明，在我們周圍的空間中，存在著現代科學並未認同的「宇宙能量」。這個能量可以當成電來利用、可以製造反重力、可以當成熱能來利用，以及促進化學反應，對我們非常有幫助。

這些都是推翻現代科學常識的情報，也許令許多人感到很驚訝。而本章再爲各位傳達一些迫使現代科學必須轉化的驚人情報。

在第一章說明過常溫超電導，與常溫超電導同樣是社會關心度極高的最新科學話題，就是「常溫核融合」。在本章爲各位說明，如果形成理想宇宙能量的環境，在常溫下可以進行原子轉換，也就是引起常溫核融合反應。

本章的情報在『宇宙能量的超革命』以及『地球文明的超革命』書中已經探討過，可是因爲這是顯示現代科學缺陷的重要情報，所以在本書再爲各位探討一番。

我們就來說明一下引起原子轉換的核反應。

首先，要先說明一下化學反應與核反應的不同，通常「化學反應」的原子種類並沒有改變。例如，氫（H）與氧（O）反應，燃燒成爲水，會出現以下的反應程式。

這時將反應前與反應後比較時，氫原子和氧原子的數目完全相同，沒有改變。

$$2H_2+O_2 \rightarrow 2H_2O$$

但是另一方面的「核反應」，則是反應前後原子的種類會改變的反應。

原子正當中有質子和中子構成原子核，其周圍有電子環繞的構造。核反應則是原子核產生變化的反應。例如，典型的核反應在太陽會發生，四個氫的原子核（H）融合會形成一個氦（He）。

$$4H \rightarrow He+2e$$（陽電子）

太陽放出的能量就是利用這種反應發生的。

核反應包括核分裂反應與核融合反應。

核分裂是指質量較大的原子核分裂爲兩個原子核的反應，而核融合則是質量小的原子核結合成爲質量大的原子核的反應。

核分裂或核融合的核反應，質量會減少若干，因此會產生巨大的能量，這就是核能。原子的原子核除了放射線不安定元素之外，都非常安定。普通的原子非常安定，要引起核反應的話，需要非常龐大的能量。

例如，化學反應只要用鐵鎚敲程度的能量就能夠產生的話，則核反應需要發射火箭的能量，才能夠產生。這就是現代物理學核反應的理論。

但是，現在已經發現，即使不需要發射火箭，光是靠榔頭鎚打的程度就能夠產生核反應的情況，這就是常溫核融合，是生物體內的原子轉換。

## 在生物體內產生核反應

最初就從生物體內原子轉換加以說明。生物體內的原子轉換就是生物體內所產生的核反應，目前已經明白違反以往核物理學理論，在生物體內產生核反應如家常便飯般。

在生物體內當某種元素（原子）缺乏時，就會以其他的元素爲材料，利用原子轉換的方式製造出缺乏的元素，這就是生物體的自我防衛機能。

生物體內的原子轉換研究在十九世紀時就已經進行了。法國的馮海爾奇雷做了將種子浸泡在蒸餾水中，使其發芽的實驗。發現發芽後鉀、磷、鎂、鈣、硫黃的含有量增加，經幾百次的實驗確認了以上的事實。

馮海爾奇雷又發現了植物會將磷轉換爲硫黃、鈣轉換爲磷、鎂轉換爲鈣、碳轉換

發現生物體內原子轉換的路易凱爾布朗博士

爲鎂、氮轉換爲鉀。

他的這些研究全都記載在一八七三年發行的『無機物的起源』一書中。

進入本世紀，法國的路易凱爾布朗生化學家，主動以動物爲材料，證明生物體內會產生原子轉換，並提出了報告。

凱爾布朗開始研究生物體內原子轉換的關鍵，也就是因爲他想起孩提時代住在不列塔尼半島時，雞只食用在泥土中挑出的閃耀發光雲母的神奇現象。

長大成人以後，凱爾布朗想到這件事情，不瞭解在沒有石灰岩的土地中，雞爲何會生出具有石灰質殼的蛋。看到雞拼命吃雲母，他想雲母可能可以製造出石灰質。於是他調查雲母，發現眞的有鋁和鉀等硅酸岩，幾乎沒有鈣。也就是說，雲母中的鉀在雞的體內轉換爲鈣，這就是他當時所產生的想法。

於是，凱爾布朗立刻到養雞場進行以下的實驗。首先，在沒有石灰成分的土地上不給與含鈣的飼料，結果雞只生下了具有軟殼的蛋。而生下軟殼蛋之後，再給與參有雲母的飼料，結果雞會貪婪地吃下雲母，第二天生下重達七公克，而且具有硬殼的蛋。

持續給與雲母，持續生下硬殼蛋，形成比雞骨鈣質成分更多的鈣質蛋。因此，知道並不是雞骨的鈣質成爲蛋殼。

**原子轉換的環狀鑽石圖表**

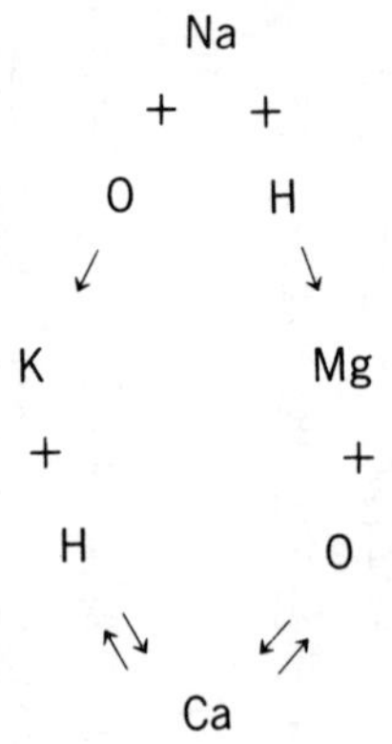


最後，凱爾布朗所下的結論，就是在雞的體內因爲以下的反應，而將鉀（K）轉換爲鈣（Ca）。

$$^{39}K + {}^{1}H \rightarrow {}^{40}Ca$$

凱爾布朗也進行其他許多的生物實驗，發現在生物體內的鈉會轉換爲鉀、鉀會轉換爲鈣、鈉會轉換爲鎂、鎂會轉換爲鈣。而這些反應，可以用氧和氫移動的環狀鑽石圖表來加以說明。

## 在自然環境中也會引起原子轉換

凱爾布朗發現自然中也有原子轉換現象。

例如，石油是由森林的樹木變化而來的，當然這是錯誤的想法。但是，凱爾布朗認爲石油是結晶片岩被擠壓，而硅（Si）是碳（C）與氧（O）形成核分裂，氧無法逃脫，被壓縮的兩個氧構成了硫黃（S），而形成硫化物較多的石油。

$$^{28}Si \rightarrow ^{12}C + ^{16}O$$

$$^{16}O + ^{16}O \rightarrow ^{32}S$$

此外，石油則是鎂（Mg）深入地中，與碳（C）及碳（C）進行核分裂反應而形成的。

$$^{24}Mg \rightarrow ^{12}C + ^{12}C$$

錳（Mn）一向都是和鐵（Fe）一起產出的，可能是因爲錳是經由細菌從鐵那兒奪得氫的反應而生成的吧！因爲在海底的錳塊存在著細菌，就可以證明這一點。

$^{56}Fe—^{1}H \rightarrow {}^{55}Mn$

凱爾布朗也進行其他許多原子轉換反應的研究，而他主要的結論如下：

- 在生物體內的確會產生原子轉換。
- 在生物體內的原子轉換，只要應用核物理學理論的一百萬分之一以下的一點點能量就會產生。
- 原子轉換是因O、H、C、Li的移動所引起的。
- 大部分的原子轉換是原子編號30以內的原子發生的轉換。
- O是不會分裂的唯一堅硬原子。
- 生物體內的原子轉換，是安定的原子轉換爲安定的原子。
- 生物體內的原子轉換不會產生放射能。
- 生物體內的原子轉換大多是由生物體內的酵素所引起的。

## 利用微生物證明生物體內原子轉換的小牧久時

得知凱爾布朗的研究，用微生物證明生物體內原子轉換的日本人，就是京都大學農學部教授博士課程的小牧久時博士。

實驗中的小牧久時博士

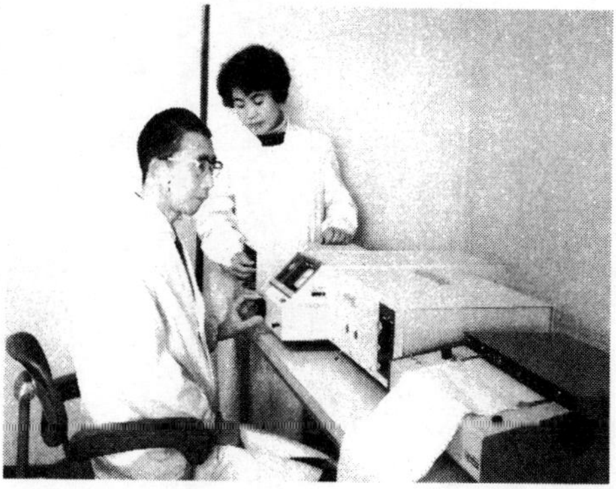

說明凱爾布朗與小牧久時兩位博士正式被提名爲諾貝爾獎候選人的正式文書（1975年）

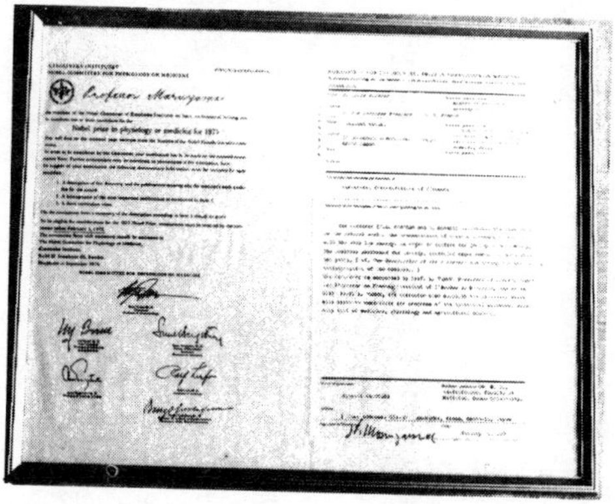

小牧博士專攻發酵微生物，他感覺凱爾布朗的研究大都以動物爲對象，欠缺精密性。因此，想要利用微生物進行精密實驗。使用的微生物是包括酵母菌等三十種微生物，在嚴格的管理下進行。

結果，發現鈉會轉換爲鉀、鈉會轉換爲鎂、鉀會轉換爲鈣、錳會轉換爲鐵，的確會進行原子轉換。

同時又使用二十四種微生物，證明可以生成磷。

小牧久時對於凱爾布朗所主張的生物體內原子轉換理論，使用微生物進行嚴密的實驗，清楚地證明凱爾布朗的主張是正確的。

凱爾布朗和小牧久時在一九七五年被提名爲諾貝爾醫學生理學獎的候選人，但是並沒有得到獎，因爲那是超越現代科學常識的研究結果。

## 在放電管中成功轉換原子的櫻澤如一

不在生物體內，在放電管中成功地轉換原子的日本人就是櫻澤如一。櫻澤推出「無雙原理」哲學，將這個原理推廣到日本及全世界。

無雙原理就是將陰陽論當成宇宙普遍的眞理，當成醫學、科學、經濟、社會所有範圍的指導原則，建立體系。他認爲萬物是以陰與陽構成的，重視其調和非常重要，一定要實踐這個道理。

例如，食物也分爲陰性的食物及陽性的食物，如果能夠平衡地攝取，就能克服疾病，維持身體的健康。此外，櫻澤還基於無雙原理，推出正食（自然食）運動。

櫻澤在法國活動時，與前述的凱爾布朗相遇，雙方產生共鳴。櫻澤將凱爾布朗的著書翻譯成日文，在日本出版，並進行原子轉換的實驗。

櫻澤所進行的原子轉換實驗，不是使用生物做實驗，而是在放電管中做實驗。如果證明在放電管中原子可以轉換的話，則可以大量進行原子轉換。櫻澤的目標就是以工業規模進行的原子轉換。

**在常溫下成功進行原子轉換的櫻澤如一**

實驗在一九六四年進行，而且成功了。反應是鈉（Na）與氧（O）產生反應，而轉換爲鉀（K）。反應方程式如下：

$$^{23}Na + ^{16}O \rightarrow ^{39}K$$

鈉放電管會發出鈉特有的黃色光，而加入氧之後黃色立刻消失，而變成鉀特有的紅光。

這的確是鈉轉換爲鉀了。

這個實驗是三十多年前進行的實驗，而櫻澤的弟子，也就是實際上參與這項實驗的佐佐井讓，我曾經見過他，爲各位介紹一下。

根據佐佐井說，進行實驗的場所是在武藏工大機械工學科鳥居知弘助教（當時的研究室），進行實驗的是鳥居、佐佐井與山本昇三人。實驗所使用的鈉放電管是S型的。放電管的內部爲了避免混入不純物，因此利用無電極的方式只放入鈉。放電則是在放電管的周圍裏住線圈，當成電極來進行放電。

根據佐佐井說，原子轉換只是利用顏色的光譜與光譜照片確定的，並沒有進行嚴密的分析，但是的確生成了鉀。

三十年前成功地在放電管中進行原子轉換實驗的佐佐井讓

不只進行這些實驗而已。在電極使用碳和鋁或鐵，進行碳和鋁、鐵的原子轉換研究。反覆進行了幾次空氣中與眞空中碳電極的實驗，而以鐵爲主，的確生成了原子編號30以內的原子。但是，佐佐井說因爲以混合物的方式生成，所以很難實用化。

櫻澤如一的研究團體從1964年到1966年，在武藏工大的鳥居研究室進行放電管內的原子轉換實驗的圖片。上爲 Na 轉換爲 K 的原子轉換。下爲利用鐵電極進行 Fe 的原子轉換。

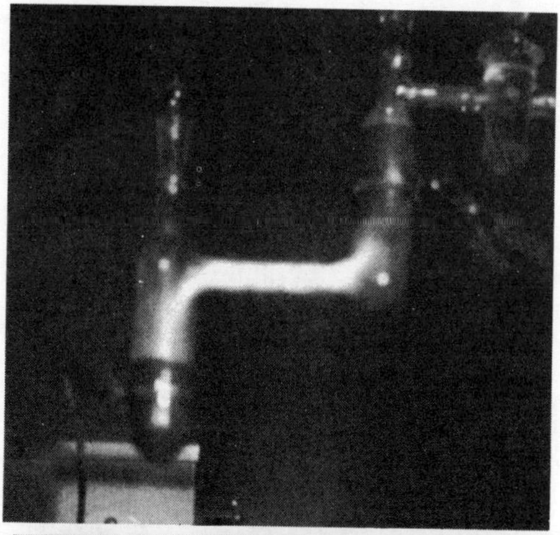

由碳電極會產生各種元素的反應，佐佐井認爲是因爲電極的碳、空氣中的氮與氧，以及空氣中的水分中的氫，四個原子組合而形成許多的元素。

使用放電管進行原子轉換實驗得到成功的櫻澤，想要和企業攜手合作，使其工業化，於是向電機廠商等日本的大型企業加以說明。但是，大型企業認爲不可能發生這種事情，而根本充耳不聞。

於是櫻澤自己想要實行，而訂出了以下的目標，建立原子轉換工業化研究所的興建計劃。

- 將海水中的鈉變成鉀。
- 從空氣中的氮製造出硅。
- 鐵變成錳。
- 利用原子編號20爲止的輕元素製造出金。
- 製造出鑽石或者是新的礦物、新金屬。

但是，櫻澤在推進這個計劃中突然逝世，那是一九六六年的事情。

佐佐井等人在櫻澤死後持續進行一年的實驗，但是結果並沒有將其實用化。

## 楢崎皐月也成功地進行生物體內的原子轉換

比櫻澤如一小六歲，可算是同時代的人，楢崎皐月也成功地進行原子轉換。

楢崎皐月是得到「卡塔卡姆納文獻」，並成功地解讀的天才科學家。

「卡塔卡姆納文獻」是楢崎在一九四九年於六甲山系的金鳥山，遇到一位叫平十字的神奇老人而得到的。是以漩渦狀的方式記載圓與十字組合而成的文字，是謎樣的古代文獻。

楢崎花了很長的時間，成功地解讀了這些文字及其意義。結果發現「卡塔卡姆納文獻」中說明了宇宙的成立、宇宙的特徵，以及宇宙的本質、物質、生命形成的方式等。知道這是古代日本祖先遺留下來，而現代科學還不瞭解的重要情報。

楢崎根據以往自己所進行的研究，吸收卡塔卡姆納的情報，進行各種的研究，確認卡塔卡姆納情報是眞正的情報。

在「卡塔卡姆納文獻」當中寫了宇宙的眞相，所以他知道是眞正的情報，但是因爲與現代科學的情報不太相同，因此楢崎避免公開發表「卡塔卡姆納文獻」。一般人不知道傳達宇宙眞相的「卡塔卡姆納文獻」的存在。

得到「卡塔卡姆納文獻」並加以解讀的楢崎皐月，成功地進行了生物體內原子轉換的實驗

卡塔卡姆納圖像符所書寫的「卡塔卡姆納文獻」的一部分（根據「相似象」）

在「卡塔卡姆納文獻」中，說明宇宙是肉眼看得到的物質世界與肉眼看不到的潛象世界（我將其稱爲多次元世界）重疊存在的。

「卡塔卡姆納文獻」可以說是寫出宇宙眞相的科學書，但現代科學與卡塔卡姆納科學的不同點，就在於現代科學認爲宇宙只有物質世界，而卡塔卡姆納科學則認爲宇宙是物質世界與潛象世界同時存在的世界。

大家也知道，現在地球文明出現能源問題及環境問題等各種的問題，可以說是完全陷入瓶頸中。在次章會爲各位詳細地說明陷入瓶頸的原因，就是因爲現代科學有缺陷。

現代科學的缺陷簡單地說，就是雖然宇宙是物質世界與潛象（多次元）世界重疊的構造，但現代科學認爲宇宙只有物質世界，因此只研究物質世界。

楢崎皐月研究「卡塔卡姆納文獻」，發現現代科學的缺點。認爲現代科學應該要轉換爲卡塔卡姆納科學。

根據楢崎說，令人感到驚訝的是，留下「卡塔卡姆納文獻」的超古代的日本人，知道原子會轉換。而且，根據楢崎的解說，方法就是利用氣相、液相、固相三相呈現膠狀來進行物質的轉換。

檜崎爲了確認卡塔卡姆納情報的可信度，因此，自己進行原子轉換實驗。

先前所介紹的佐佐井讓和檜崎皐月是好友，所以他也學習了卡塔卡姆納。根據佐佐井說，檜崎是在洞窟內使用蝙蝠進行原子轉換的實驗，確認蝙蝠的生物體內產生了原子轉換。

## 會引起核反應的共通點在於宇宙能量

現代科學核物理學的理論，除了會自然瓦解的放射性物質之外，普通的原子如果不給與極大的能量，是絕對不可能產生核反應的。

但是，根據先前許多研究者的研究，各位就可以瞭解到出現的結果完全違反現代科學的理論，也就是說，生物體內配合必要的時候就會引起原子轉換。而且，不僅在生物體內，在放電管中也會引起原子轉換。

我再說一次，現在科學理論認爲微弱的能量無法產生核反應，所以現代科學的理論並不是絕對的。關於這一點，凱爾布朗有以下的說法：

「我們必須承認我們並不知道一切。以後的人還會有許多的發現，這的確是很好的事情。我們所觀察到的東西不能夠說明一切，不能夠因爲不符合古典科學法則，就否定所觀察到的一切現象，這是非常愚蠢的作法。」

的確如此。科學的法則不是絕對的，科學法則只能說明以往觀察到的現象，不能說完全是正確的。因此，會出現許多例外的現象，這是必然的性質。

在學校學習現代科學、接受現代科學的人，都認為在學校中學習到的東西是正確的，因此，相信學校所教導的科學一定是正確的。但是，事實上並不是如此。對科學應該有更柔軟的想法才對。

只要一點點的能量，事實上就能引起原子轉換，也就是核反應。而我們必須要探討會出現實際反應的核反應理論。

那麼，到底在何種背景之下，於常溫中會產生核反應呢？

主要的啓示情報有三項。第一點就是在生物體內容易發生，第二點就是在體內酵素容易引起核反應，第三點則是在放電管內也會發生。

而這三個情報聚集起來的共通點就在於宇宙能量。在前章已經說明過，生物體內充滿宇宙能量。又，酵素也容易從空間中取得宇宙能量，並將其強烈釋放出來，這在前章已經說明過了。

此外，在放電管內有出現放電現象的燈，放電現象如第二章所說明的，是從眞空的空間中取出宇宙能量的一種有力手段。也就是說，在放電管內也是充滿宇宙能量的空間。所以，原子轉換是在充滿宇宙能量的環境中發生的。

與宇宙能量有關的原子轉換問題，在先前所介紹的「卡塔卡姆納文獻」中都已經提示過了。根據楢崎的解說，氣相、液相、固相三相成膠狀的條件齊備時，就有超光子粒子灌通而引起原子轉換。這種超光速粒子就是本書所說明的宇宙能量。

現代科學不知道宇宙能量的存在，不加以承認，因此沒有辦法探討與宇宙能量有關的核反應理論。

總之，生物體內及放電管內所產生的原子轉換與宇宙能量有關，反過來說，如果在充滿宇宙能量的環境中，就容易引起核反應。

## 在常溫下能取出夢想能源嗎

一九八九年出現研究常溫核融合的風潮，相信各位還記憶猶新。在世界各國進行高溫核融合的研究，就是希望在太陽所產生的反應能夠在地球上實現，期待它成爲二十一世紀的夢想能源。

但是，如果要實現這個夢想，必須要以一度C的超高溫，而且長時間製造出高密度的等離子體狀態。雖然目前不斷努力開發，但是可能很難實現。

在這種狀況下，根據實驗結果，發現常溫在實驗室會引起核融合，因此掀起了常溫核融合熱。利用簡單的化學裝置就能引起常溫核融合，就能取出夢想的能源，衆人對此抱持著期待之心，當然會掀起一陣狂熱。

發表成功形成常溫核融合的，是美國猶他大學的邦茲教授，和英國沙章普東大學的布萊修曼教授等人。那是一九八九年三月二十三日的事情。後來，美國的布里加姆青年大學的瓊斯教授也發表實驗成功。

他們所進行的都是重水（重氫與氧形成的水）的電解。

他們同樣是在陰極使用鈀和鈦等氫吸藏金屬，氫吸藏金屬就是能夠將體積爲自己約千倍的氫（一氣壓下的體積）吸收到內部的金屬。電解重水會形成重氫和氧，而陰極因爲使用氫吸藏金屬，所以生成的重氫就會吸收在氫吸藏金屬內。

電解重水之後，邦茲和夫萊舒曼發現大量的熱以及中子，而瓊斯也發表檢出大量的中子。這是因爲在氫吸藏金屬內部重氫出現核融合反應所造成的。

後來，世界各國的許多研究者進行追加實驗，有的人成功，而有的人卻失敗了。不過，追加實驗而得到成功的人非常少，因此，有一陣子的意見認爲在常溫下不會引起核融合。但是，最近大阪大學工學部的高橋亮人教授，以及NTT的山口榮一主任研究員等日本的研究者，發表實驗成功的消息。而且，認定會出現反應。

現在圍繞常溫核融合的環境，大致上的看法是：「雖然不是當初所期待的能夠大量產生能源的方法，但是的確產生了以往知識無法瞭解的一些反應。」

日本與國外相比，對於常溫核融合的研究較爲積極。新聞報導通產省在一九九四年開始撥出三十億日幣的補助金，進行常溫核融合研究。

## 常溫核融合的成敗關鍵掌握在宇宙能量中

先前爲各位介紹過，於常溫下在生物體或放電管內出現原子轉換，也就是常溫核融合的現象。那麼，重水電解實驗爲什麼有時會出現常溫核融合現象，有時卻不會出現呢？

答案很簡單。先前已經叙述過了，要引起常溫核融合，需要充滿宇宙能量的環境。常溫核融合的成敗關鍵掌握在宇宙能量手中。

電解重水成功地出現常溫核融合現象，就是偶爾在某種條件之下，實驗裝置的環境成爲充滿宇宙能量場。實驗室一般而言並不是充滿宇宙能量的環境，因此聽到常溫核融合成功而進行追加實驗的人，幾乎無法獲得成功。

成功的人可能是正好在一個充滿宇宙能量的環境中做實驗吧！因此，追加實驗獲得成功的人，也許再進行一次實驗就無法成功。發表常溫核融合成功的邦茲、夫萊舒曼兩位教授以及瓊斯教授，可能就是在充滿宇宙能量的環境中進行實驗吧！關於這一點，瓊斯教授的實驗我不得而知，不過關於邦茲和夫萊舒曼兩位教授的實驗，我手邊有一些情報。

那是希臘大學數學與物理學教授P．T．帕帕斯的情報。帕帕斯教授是從理論面研究宇宙能量（他將其稱爲自由能量）的宇宙能量研究家之一。他在研究發表及論文中對於邦茲、夫萊舒曼兩位教授的常溫核融合實驗，有以下的敘述：

「最早發表常溫核融合的邦茲、夫萊舒曼，使用弧光放電裝置獲得了成功。在這裡所發生能量，是弧光放電下所發生的自由（宇宙）能量與核融合所產生的能量等兩種。」

「邦茲和夫曼可能不瞭解原因，但是發現出現原子結合的現象，而且說看錄影裝置時，淸楚地看到了閃光火花。」

帕帕茲知道邦茲、夫萊舒曼在進行重水電解時除了電解裝置以外，還使用的弧

主張常溫核融合與宇宙能量有關的希臘的帕帕斯夫教授

光放電裝置。因此，他認爲弧光放電所產生的自由（宇宙）能量引起了常溫核融合。此外，邦茲、夫萊舒曼則認爲閃光，也就是火花引起核融合。

邦茲、夫萊舒曼並沒有詳細發表實驗裝置，也沒有發表使用弧光放電裝置。因爲專利權的關係，因此隱瞞關於常溫核融合實驗條件的詳細部分，並沒有發表。

由這些情報我們可以瞭解到，邦茲、夫萊舒曼兩位教授的實驗是使用弧光放電裝置。弧光放電裝置會強力放射出宇宙能量，所以，邦茲、夫萊舒曼兩位教授的實驗，是在充滿宇宙能量的環境中進行的。因此，他們常溫核融合成功的關鍵，就在於此。許多研究家進行追加實驗卻無法獲得成功，就是因爲並沒有使得充滿宇宙能量的環境再現的原因所致。

但是，邦茲、夫萊舒曼兩位教授，以及瓊斯教授的電解實驗裝置中，還有一個與宇宙能量有關的部分。也就是陰極所使用的鈀。

鈀和白金、金、銀同樣是容易集積、放射宇宙能量的金屬。電解出來的重氫被鈀吸藏，在鈀內部引起核反應。鈀容易集積放射宇宙能量，因此，吸藏重氫的鈀所構成的實驗裝置內，成爲充滿宇宙能量的環境。

鈀本身就能夠充分製造出一個充滿宇宙能量的環境，所以不必藉助弧光放電裝置的幫助，也能引起核反應。但是，追加實驗者可能是鈀集積放射宇宙能量的能力還未強到足以引起核反應吧！

此外，希臘的帕帕斯教授和我的想法相同，認爲要引起常溫核融合需要足夠的宇宙（自由）能量。總之，只要形成一個充滿宇宙能量的環境，在常溫下也很容易產生核融合現象。

## 常溫核融合可以用來當成物質轉換手段

在生物體內配合必要的時候會產生原子轉換。在生物體外利用放電管或是弧光放電裝置等，也會引起原子轉換。

生物體內充滿宇宙能量，經由放電形成充滿宇宙環境場。鈀這些金屬能夠集積、放射宇宙能量，在充滿宇宙能量的環境中，常溫下就會引起核融合。

在常溫下能夠輕易地引起核反應的話，就能夠出現代替石油及核能的乾淨能源。不過，我認爲與其將常溫核融合當成能源取出方法，還不如積極地當成物質轉換的方法較好。

理由就是代替石油和核能的能源，就是先前說明過的宇宙能量的裝置已經開發出來了，可以加以利用。但是，常溫核融合不會產生放射能，非常地乾淨、安全，而且能輕易取出能量。所以，應該要積極地加以利用。

當成物質轉換手段最有效的利用方法，就是將現在很難處理的放射性廢棄物，轉換爲不會產生放射能的非放射性物質。這應該是可以輕易辦到的事情。

其次，可以經由原子轉換的方式製造出較珍貴的元素。

所以，與其將常溫核融合當成取出能源的手段，還不如當成將有害物質變爲無害物質，或者是取出寶貴資源的物質，當成物質轉換的技術比較好。

如果能輕易辦到的話，則常溫核融合也可以納入化學領域中。化學家進行原子轉換的研究，也許在化學工廠可以利用原子轉換進行稀少元素的製造吧！

# 第七章

# 從現在開始現代科學的改革

## 超技術、超能源革命的時代

本書爲各位介紹一些最近開發與能源有關的技術。

例如，大西義弘所開發的常溫超電導材料、工藤英興開發的劃時代酒精燃燒裝置、倉田大嗣開發的廢棄塑膠油化還原裝置、守田芳佑開發的汽車用燃料消費率提升裝置，以及各種宇宙能量發電機等，不管是哪一種，與以往的技術相比，都是「超」發明。

在常溫下電阻爲零的夢想超電導材料已經開發出來了，今後在能源範圍內會掀起各種的技術革新。但是，不光只是出現革新而已。

在常溫超電導材料普及的同時，也會掀起能源革命。也就是本書所說明的利用宇宙能量的能源革命。簡單地說，從以往世界主要能源爲石油和核能的時代，變成利用無窮盡存在於空間中的宇宙能量的時代了。

包括我在內，很多人都寫書介紹了可以代替石油和核能的能源，也就是宇宙能量這種理想的能源。它無窮盡地存在於我們周圍的空間。但是，不管是寫書或用口頭說明，都很難讓衆人瞭解到宇宙能量的存在。

但是，如本書所說明的，像大西、工藤、倉田等人已經開發出利用宇宙能量的商品，而這些商品於一九九四年開始，已經在市場上市了。

宇宙能量商品問市之後，很必然地衆人就會認識到宇宙能量的存在。同時，科學家也會不得不承認宇宙能量的存在。一旦科學家承認宇宙能量的存在，就意味著承認現代科學有缺陷。

## 現代科學是缺陷科學

許多人認爲現代科學絕對正確，科學是萬能的。但是，現代科學無法察覺到宇宙能量的存在，所以現代科學不是萬能的。原本，科學必須能夠說明所有的自然現象。但是，現代科學對於以下所列舉的事項卻無法加以說明。

### ◆地心引力的發生原理

牛頓發現了地心引力法則，但是爲什麼會發生引力？目前並不瞭解其原理。

### ◆物質的根源

現在對於物質的根源，瞭解到電子和夸克素粒子的階段，但是科學家認爲這並不是根源物質。雖然有構成電子或夸克的素粒子，但這只是因爲測定機器的界限，沒有辦法再檢測出更小的素粒子。所以，目前並沒有完全瞭解到物質的根源。

**◆高溫超電導的原理**

關於高溫超電導材料在第一章已說明過。在常溫下能夠出現超電導現象的常溫超電導材料已經開發出來了。但是，關於這些高溫超電導的原理還不得而知。

**◆常溫核融合的原理**

前章已經說明過，在生物體內隨時會出現原子轉換。在生物體外的室溫中也會引起核融合。但是，爲什麼在常溫下會引起核融合?對其原理完全不得而知。

**◆電流通過導線周圍產生磁界現象的原理**

電流通過導線時，導線就會出現磁界現象，也就是所謂的電磁石現象。但是，現代科學卻不瞭解爲什麼在導線周圍會形成磁界的原理。

**◆超能力的原理**

世界上有很多超能力者，例如，印度聖人沙提亞賽巴巴或尤里基拉等人。他們能夠預知、能夠遠隔透視、能夠移動物體、能夠使在空間中的東西物質化。但是，現代科學完全無法瞭解這些超能力。

**◆靈現象的原理**

臨死體驗、轉世現象，各種靈現象確實存在，但是現代科學卻無法瞭解這些靈現象，同時也完全不瞭解死後的世界。

以上都是重要的自然現象，可是現代科學卻無法說明。科學原本應該是越發達越能夠爲人類帶來便利與舒適，爲人類帶來幸福。但是，現代科學雖然帶來了便利，可是越發達卻越會引起能源危機、環境破壞及污染，使人類走向滅絕之路。

由現代科學發展出來的現代文明引起各種的問題，可以說完全陷入瓶頸狀態。這種實際的狀況，證明了現代科學有缺陷。

## 現代科學的缺陷何在

那麼，現代科學的缺陷在哪裡呢？簡單地說，就是現代科學不瞭解超微觀的世界。現代科學的最小檢測界限，也就是能夠使用科學測定機器檢測出來的東西，最小到何種界限呢？就是十的負十八次方公分。

這個數值是一公分的十億分之一再十億分之一，的確是非常小的超微粒子世界。但是，還有比它更小的粒子存在，可是現代科學卻無法檢測出來。事實上，在宇宙存在著無限的超微粒子。

但是，雖然空間中存在著超微粒子，卻無法檢測出來。無法檢測出來，就無法成爲研究的對象，因此，不得不成爲忽略超微粒子存在的科學。

現代科學的缺陷，就是現代科學無法檢測出在其檢測界限以下的超微粒子，成爲忽略超微粒子超微觀世界的科學。

## 確定現代科學範疇的迪卡兒

現代科學是有缺陷的科學，而成爲缺陷科學的原因之一，就是在於現代科學成立時科學的範疇的決定方式。範疇就是成爲一個科學體系的理論範圍，具體而言，就是研究對象範圍、理論體系、手法等。

現代科學前身的近代科學，是由法國的哲學家、數學家魯尼迪卡兒確立範疇。迪卡兒對於複雜的問題，利用「二元論」的方式分出詳細的要素，分出來之後，覺得可疑的、不客觀的、沒有辦法用數値表示出來的都加以去除。進行這項作業之後，再研究剩下的東西，然後再找出最初解決問題的方法。這就是所謂的「要素還原主義」。

迪卡兒將自然分爲「意識世界」與「物質世界」兩種。物質世界是能夠以數式表現出來的完全機械，植物和動物也被視爲是精巧的機械，將世界視爲是機械的集合體，這就是「機械論的世界觀」。

迪卡兒的這個「要素還原主義」以及「機械論的世界觀」想法，成爲現代科學背後的基本想法。

迪卡兒的二元論中，將自然（宇宙）分爲「意識世界」與「物質世界」。而不客觀、無法用數值表示的「意識世界」排除在科學研究的對象之外。客觀地能夠用數值表現的「物質世界」則成爲研究對象。

魯尼迪卡兒

但是，我曾經提出過好幾次。宇宙是由意識世界與物質世界兩者所構成的，兩者具有密切的關係。原本科學家如果不同時研究兩者的話，就不算是眞正的科學，但是近代科學創始時，迪卡兒只把物質世界當成是現代科學研究的對象，因此現代科學只把物質世界當成研究對象，成爲「物質科學」。現代科學的缺陷之一就在於此。

先前談過，現代科學無法檢測出十的負十八次方公分以下的超微粒子的世界。被科學排除在研究對象之外的「意識世界」與超微粒子世界是同樣的世界。

因此，現代科學的缺陷就在於「宇宙是由物質世界與意識世界所構成的，科學應該以這二世界爲研究對象，但是由於科學測定手段的界限以及迪卡兒所決定的科學範疇，因此，現代科學只把物質世界當成研究對象，而將意識世界排除在研究對象之外。」

## 主張改革現代科學的新科學運動

在一九七〇年代就已經指出現代科學是有缺陷的科學，感覺到現代科學有其界限及瓶頸，因此，有些科學家發動了主張科學改革的運動。

到底是哪些人呢？就是美國的核物理學家夫里丘夫卡普拉、愛因斯坦的弟子英國理論物理學家大衛波姆、美國大腦生理學家卡爾普里布拉姆、因超電導研究而得到諾貝爾物理學獎的英國天才物理學家布萊恩約瑟夫森等人。

他們的運動，稱爲新科學運動。

新科學的科學家到底有哪些主張呢？現代科學的缺陷在於支配現代科學的迪卡

大衛波姆

兒的「要素還原主義」手法以及「機械論的世界觀」，所以認爲應該不要加以分割，而要整個包括在內來建立新的理論。而這個新的理論可以向東方思想學習，而且主張應該要納入神秘主義。

簡單地說，就是確立現代科學範疇的迪卡兒，將自然（宇宙）分爲「意識世界」與「物質世界」，而這些新科學則認爲不要區分意識世界與物質世界，要將它視爲是一個全體來加以研究。意識世界存在著「意識體」或稱爲「神」的「超意識體」，而主張科學必須要接受這些想法。況且，更主張意識世界充滿能量。

這些與本書及我以往所寫的書中主張相同。我認爲新科學的科學家主張是正確的，不過因爲還在少數意見階段，很遺憾的是，目前還沒有辦法改革現代科學。

## 宇宙具有雙重構造

正如新科學的科學家所指出的，宇宙並不只有存在物質世界，還存在意識世界。這個意識世界還有其他的稱呼法。

例如，「精神世界」、「非物質世界」、「肉眼看不到的世界」、「虛的世界」、「高次元世界」、「多次元世界」、「潛象世界」、「靈界」等等。

這個意識世界不像物質世界一樣只有一個世界，依粒子大小的不同而分爲多數的世界（次元），我將其稱爲「多次元世界」。

先前所說明的宇宙能量就存在於多次元世界中。

多次元世界到底在何處呢？存在從我們周圍的空間中去除空氣和物質後的眞空空間內。多次元世界是與物質世界重疊存在的。

總之，宇宙具有雙重構造。

**宇宙＝物質世界＋多次元世界**

此外，前章也爲各位介紹過「卡塔卡姆納文獻」。這是日本的祖先（卡塔卡姆納人）所留下來的文件。而得到這份文件的楢崎皐月成功地加以解讀。

根據楢崎的解讀，令人感到驚訝的是卡塔卡姆納人已經知道宇宙具有雙重構造。此外，卡塔卡姆納人不只知道宇宙的構造，還知道宇宙的創立、宇宙的組合、

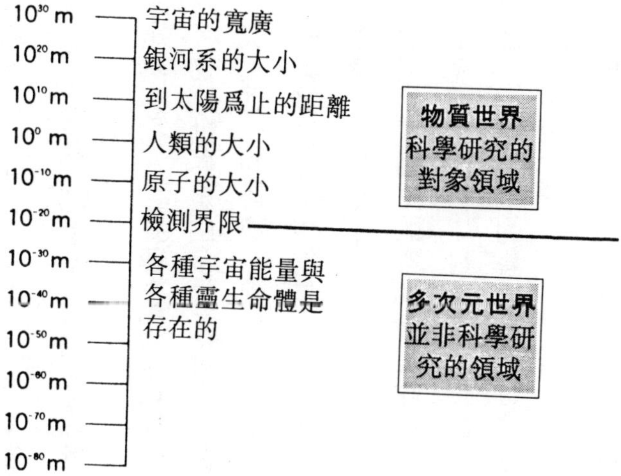
$10^{30}$m 宇宙的寬廣
$10^{20}$m 銀河系的大小
$10^{10}$m 到太陽爲止的距離
$10^{0}$m 人類的大小
$10^{-10}$m 原子的大小
$10^{-20}$m 檢測界限
$10^{-30}$m
$10^{-40}$m
$10^{-50}$m
$10^{-60}$m
$10^{-70}$m
$10^{-80}$m
各種宇宙能量與
各種靈生命體是
存在的
物質世界
科學研究的
對象領域
多次元世界
並非科學研
究的領域

宇宙的構造

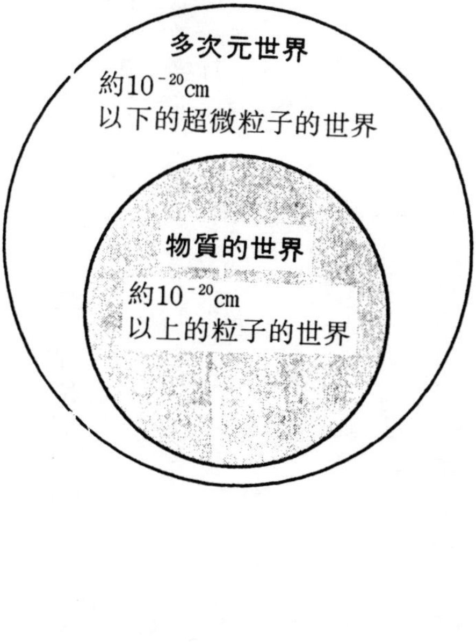
多次元世界
約$10^{-20}$cm
以下的超微粒子的世界
物質的世界
約$10^{-20}$cm
以上的粒子的世界

宇宙的特徵以及宇宙的構造等等。

而楢崎皐月將我所說的多次元世界稱爲潛象世界。

## 多次元世界就是宇宙的本質世界

宇宙具有物質世界與多次元世界的雙重構造，而宇宙中多次元世界是宇宙的本質世界，物質世界是由多次元世界所製造出來的從屬世界而已。

多次元世界的特徵，就是存在宇宙能量，存在著意識體。在此將到目前爲止對於宇宙的本質世界，也就是宇宙的多次元世界瞭解的事項整理敘述如下：

- 多次元世界是宇宙的本質世界。
- 是從我們周圍的空間中去除空氣和物體，存在於眞空空間的世界。
- 是充滿現代科學最小粒子檢測界限以下的超微粒子（宇宙能量）的世界。以數值而言，可能是十的負二十次方公分以下的超微粒子世界。最終粒子可能是十的負八十次方公分。
- 不像物質世界一樣只有一個世界，依超微粒子的大小不同，而分爲許多的次元。

・製造出物質世界的物質。
・會產生超能力現象或靈現象的世界。
・存在包括人類靈魂在內的各種靈生命體（意識體）。
・最終的次元存在創造主的意識體。

多次元世界存在著人類的靈魂以及創造主的意識體，光看這一些，很多人可能會認為我在科學內納入了宗教的想法。

但是，這並不是爲了導人宗教，而是要研究宇宙和多次元世界時，必須要承認萬物內在的意識體，以及創造、統治整個宇宙的超意識體的存在。一般將人類意識體稱爲「靈魂」，統治宇宙的超意識體稱爲「創造主」，我只不過是借用這種說法而已。

## 人類也具有雙重構造

宇宙具有雙重構造，人類也具有雙重構造。人類在肉體內存在著一般稱爲靈魂的意識體。

## 人類＝肉體＋靈魂

許多人認爲肉體死亡之後一切就結束了，但是並不是如此。即使肉體滅亡，靈魂持續生存，再寄宿於肉體進行靈魂轉世。總之，死後的世界是存在的，死後的世界是多次元世界。

因此，人類的本體是靈魂，肉體只不過是靈魂暫時借宿的地方而已。

現代科學不承認靈魂的存在，只不過是因爲和宇宙能量同樣的，沒有辦法用科學測定手段加以檢測出來而已。

現代科學家將靈魂問題視爲是宗教的問題，科學將探討靈魂問題視爲是一種禁忌，不過這是錯誤的想法。科學要承認宇宙能量的存在，開始研究多次元世界，就必須要承認多次元世界中有意識體的存在，而科學就能夠開始研究意識體，也就是靈魂。因此，科學也會踏入宗教的範圍內。

現代科學不承認靈魂的存在，但是以美國爲主，海外的一部分科學家進行臨死體驗、前世記憶、靈魂脫離等研究。由科學資料證明了靈魂的存在。

人類的構造

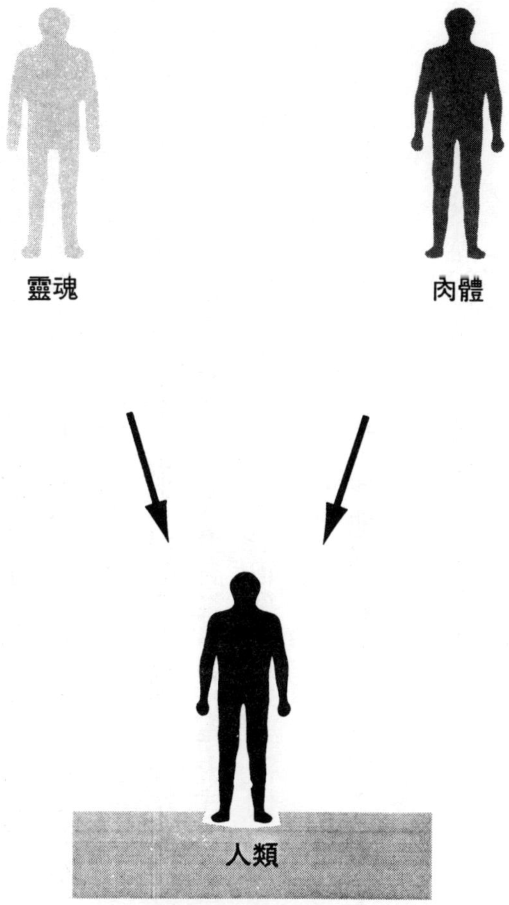


人類是肉體與靈魂互相
重疊的雙重構造

## 不知道宇宙眞理和宇宙法則的地球人

現在的地球人不知道宇宙具有雙重構造的宇宙眞相，只有物質世界的科學較爲發達，因此，地球文明陷入瓶頸。文明陷入瓶頸，表示現代科學的水準非常低，但是不只是地球的科學文明，連精神文明都很低落。

爲什麼呢？因爲人類是本體靈魂借宿在肉體內的構造，在宇宙中存在著宇宙眞理和宇宙法則，人類必須要加以遵守，採取提高靈格的生存方式。但是，現在的地球人不但不知道人類的雙重構造，也不知道宇宙眞理及宇宙法則，不知道生而爲人的生存目的。

因此，無法掌握正確的生存方式，使地球人的人性較低、精神文明的水準較低。

要打開現在陷入僵局的文明，就要提高地球人的精神性。

## 掀起第三次的改革——範疇改革

先前說明過好幾次，現代科學只把物質世界當成研究對象，是有缺陷的科學。爲了要打開現代陷入瓶頸的文明僵局，必須要改革現代科學，因此更必須要改變範疇。過去人類的歷史出現了兩次改變範疇的現象。第一次就是由天動說轉換爲地動說。

希臘天文學家普特雷邁爾斯，提出太陽以地球爲中心環繞的天動說之後，長時間以來，人類都相信宇宙是以地球爲中心而環繞的。但是，隨著中世紀天文學的發達，發現天動說是錯誤的，因此，哥白尼、凱普拉、伽利略等人提出地球繞著太陽周圍旋轉的地動說。

當時地動說並沒有輕易被人接受，但隨著牛頓確立了牛頓力學之後，才完成了地動說的範疇改革。

第二次則是從牛頓力學轉換爲量子力學。宏觀領域可以用牛頓力學來解釋，但是微觀領域進步之後，發現牛頓力學不適用於微觀世界，所以產生了量子力學，直到現在。

先前已經說明過，現代需要第三次的範疇改變。與過去兩次相比，這一次的範疇改變是大改變。也就是說，過去兩次的改變對生活不會造成任何的變化，但是這一次的範疇改變與科學的改革同樣的，會掀起能源革命和意識革命，對生活及生存的方式產生很大的改變。

開闢近代科學之路的牛頓

這次產生的範疇改變到底是何種改變呢？相信各位已經明白了。今後的科學必須和以物質科學與多次元世界爲研究對象的多次元科學結合，進行科學的大改變。兩者結合的科學應該稱爲宇宙科學。

但是，這裡所說的宇宙是結合物質世界與多次元世界的眞正宇宙。

- 以往的科學

  現代科學＝物質科學

- 今後的科學

  宇宙科學＝物質科學＋多次元科學

## 解救地球文明的多次元科學

今後一定會掀起科學的大改革，現在就具體來研究一下改革的過程。

關鍵就在於能源革命。本書已經介紹過，利用無窮盡存在於空間的宇宙能量的裝置及技術已經開發出來了，而且已經加以商品化，在市場販售。

大西開發的常溫超電導材料，在常溫下出現超電導現象，這種劃時代材料備受世界注目。一旦商品開始普及時，當然會掀起技術革新。不單是如此而已，也是讓衆人能認識到，有能夠代替石油和核能的宇宙能量之存在的劃時代材料。

在第一章已經說明過，常溫超電導材料具有使能量增殖的性質。能量會自然增殖，是因爲從空間中取得宇宙能量，而產生的現象。

利用常溫超電導材料的商品普及之後，一般人實際感受到能量增殖的現象，就能夠體認到宇宙能量的存在。

此外，宇宙能量利用技術，也就是工藤的劃時代燃燒裝置以及倉田的塑膠油化還原裝置的普及，成爲宇宙能量利用技術備受注目之後，一般人也可以瞭解到宇宙能量的萬能性。

當宇宙能量商品開始普及時，科學家必須追隨其腳步，不得不承認宇宙能量的存在。

以往的重要發明和發現，都是科學家承認之後才有利用商品在市場上市，但是這次的宇宙能量則是商品先上市，科學家後來才對此有所認識，可以說是完全相反的過程。

現代科學的理論，認為不可能有輸出功率大於輸入功率的裝置，但是事實上已經開發出輸出功率大於輸入功率的裝置。科學家看到這些裝置時，知道這不是一種詐騙的手法，就不得不承認這是眞正的東西。

一旦承認輸出功率大於輸入功率的裝置之後，則必須檢討剩餘能量發生的問題了。因此，科學家發現這個剩餘能量是來自於空間，結果認識到了宇宙能量的存在。

現代科學不承認空間中存在無窮盡的能量，也不承認可以從眞空的空間中取得代替石油及核能的能量。

因此，科學家承認輸出功率大於輸入功率的宇宙能量裝置及宇宙能量之後，現代科學瓦解，以此為關鍵，掀起現代科學的改革，現代科學成為吸收多次元科學的科學。

我所提出的範疇改變，是屬於地球規模性非常重大的改革，一旦實現的話，會成為人類有史以來的大改革。

看過去的例子就可以知道，實踐範疇改革並不是一件容易的事情，但是如果想要儘早打開現在陷入瓶頸狀態的文明僵局，一定要趕緊進行範疇改變。

## 能量轉換不會引起社會大混亂

本書所介紹的宇宙能量，利用商品開始問市以後，首先衆人認識到宇宙能量的存在，慢慢掀起能源革命。

現代日益嚴重的環境污染，大都是因爲石油、碳等石化能源的使用所造成的，所以必須要趕緊轉換爲利用宇宙能量才行。但是，能源是產業的根幹，如果驟然轉換，可能會引起經濟性及社會性的大混亂。

不需要石油及核能時，石油產業、電力產業、瓦斯產業、核能產業等能源產業會受到重大的打擊。這些能源產業有許多人在裡面工作、拿薪水生活，這些人也有家人。

一旦能源產業倒閉之後，會產生大量失業者，引起社會混亂。

因此，在能源轉換的過程當中，一定要盡可能避免社會的混亂或經濟的混亂。不可能一舉從石油或核能轉換爲宇宙能量，進行能源轉換。利用石油的裝置太多了，以物理的觀點來看，也不可能一舉轉換。光是利用石油奔馳的汽車，在世界上就有五億輛。

所以，首先必須要讓衆人瞭解到有能夠代替石油和核能的宇宙能量的存在，同時認識到已經開發出利用宇宙能量的裝置。對人類的將來而言，當然具有光明的希望。一旦出現能源轉換時，一定會引起混亂，這時就需要政治力。當然必須進行能源轉換，但也要保護衆人的生活。

迎向世紀末的現在，街頭巷尾充斥著世界末日論。但是，今後一定會掀起地球規模的能源革命、科學革命以及意識革命。事實上，已經發現了宇宙能量這種未來的超能源，而且已經確實開始走向實用化之路，人類的未來絕對不是悲慘的，反而會迎向在人類史上史無前例、充滿希望的大改革期。

二十一世紀的地球一定能實現至福千年的偉大文明。

利用本書所介紹的「宇宙能量」的超技術能解救地球——希望各位讀者一定要確認這一點，在此擱筆。

# 後記

人類夢想的材料常溫超電導材料已經由日本人大西義弘開發出來了，因此在能源產業、汽車產業、電腦產業等各範圍都會掀起技術革新。本文已經說明過，常溫超電導材料不僅是電阻為零，同時大西也發現了常溫超電導材料是由空間取得宇宙能量，使其轉換為電的性質。這個貢獻實在很偉大。

宇宙能量的存在是新科學的科學家所主張的想法，但是並沒有確實能夠表示宇宙能量存在的裝置，因此，正統科學家無法認識到宇宙能量的存在。

但是，大西開發了常溫超電導材料，發現這個材料吸收宇宙能量轉換為電的性質，使得包括科學家內，所有人都必須要承認宇宙能量的存在。

常溫超電導材料的開發給與人類夢想的同時，也讓衆人認識到宇宙能量的存在，的確是劃時代的材料。

現在世界的主要能源是石油、煤等石化燃料和核能。今後，認識到能夠取代這些能源的宇宙能量的存在，當宇宙能量裝置開始普及時，的確能掀起能源革命。

宇宙能量裝置普及之後會產生何種變化呢？在環境面能夠產生很好的效果。宇宙能量是乾淨的能源，因此，隨著裝置的普及，就能減少環境污染。此外，倉田所開發的塑膠油化還原裝置，是解決現代成為嚴重問題的塑膠公害的劃時代技術。急速普及的話，對於地球環境污染的防止具有很大的貢獻。

在經濟社會上都會掀起極大的變化，石油、煤等石化燃料和核能由宇宙能量取代，進行能源轉換，就能興起新的宇宙能量產業。另外一方面，也會給與和石油、煤等石化燃料及核能等舊能源相關的公司和產業重大的打擊。

轉換為宇宙能量，對人類而言是可喜的現象，也是必然要做的事情。但是，會引起產業的浮沉。因此，對於與舊能源產業有關的人而言，可能會造成生活的不安。

為了防止這種經濟、社會的混亂，因此，從舊能源轉換為宇宙能量的能源轉換，必須要慢慢地進行，也許需要政治的介入。

其次在能源革命出現的同時，也會產生科學的改革。

現代科學不承認宇宙能量的存在，這是因為宇宙能量太小，現代科學無法以檢測得知所致。但是，隨著常溫超電導材料的開發，證明了宇宙能量的存在之後，現代科學也開始改革了。

現代科學一旦瞭解到，違反能源保存法則的輸出功率大於輸入功率的發電現象存在時，就可以明白到現代科學的確有缺陷。

我已經敘述過，宇宙是物質世界和多次元世界重疊的雙重構造。現代科學沒有辦法以科學的檢測手段檢測到多次元世界，因此，沒有察覺到多次元世界的存在，只以物質世界為研究對象，為物質科學。

現代科學的缺陷就在於此。

因此，現代科學察覺到宇宙能量的存在時，必然就會察覺到多次元世界的存在。所以，科學不僅是要研究物質世界，還必須要研究多次元世界，進行新的科學改革。先前已經敘述過，我將這個新的科學以真正宇宙為研究對象的科學命名為「宇宙科學」。

掀起科學改革，當多次元科學的研究進步時，就可以瞭解到常溫核融合在宇宙能量的存在下很容易發生，也能瞭解到核反應的原理。

等到多次元世界的研究進步之後，發現不只是宇宙，連人類都有靈魂和肉體的雙重構造存在。此外，也能察覺到多次元世界中不只存在著一般稱為人類靈魂的意識體，還存在著各種的意識體。

總之，在地球社會將會掀起能源革命和科學革命，接下來就會產生意識革命。結果，就能完全打開現在陷入瓶頸的地球文明的僵局，在二十一世紀實現偉大、至福的宇宙文明。

**深野一幸**

# 大展出版社有限公司　圖書目錄

地址：台北市北投區(石牌)　電話：(02)28236031
致遠一路二段12巷1號　28236033
郵撥：0166955～1　傳真：(02)28272069


## ・法律專欄連載・電腦編號 58

台大法學院　法律學系／策劃
法律服務社／編著

| | | | |
|---|---|---|---|
| 1. | 別讓您的權利睡著了 1 | | 200 元 |
| 2. | 別讓您的權利睡著了 2 | | 200 元 |

## ・秘傳占卜系列・電腦編號 14

| | | | |
|---|---|---|---|
| 1. | 手相術 | 淺野八郎著 | 180 元 |
| 2. | 人相術 | 淺野八郎著 | 180 元 |
| 3. | 西洋占星術 | 淺野八郎著 | 180 元 |
| 4. | 中國神奇占卜 | 淺野八郎著 | 150 元 |
| 5. | 夢判斷 | 淺野八郎著 | 150 元 |
| 6. | 前世、來世占卜 | 淺野八郎著 | 150 元 |
| 7. | 法國式血型學 | 淺野八郎著 | 150 元 |
| 8. | 靈感、符咒學 | 淺野八郎著 | 150 元 |
| 9. | 紙牌占卜學 | 淺野八郎著 | 150 元 |
| 10. | ESP 超能力占卜 | 淺野八郎著 | 150 元 |
| 11. | 猶太數的秘術 | 淺野八郎著 | 150 元 |
| 12. | 新心理測驗 | 淺野八郎著 | 160 元 |
| 13. | 塔羅牌預言秘法 | 淺野八郎著 | 200 元 |

## ・趣味心理講座・電腦編號 15

| | | | |
|---|---|---|---|
| 1. | 性格測驗① 探索男與女 | 淺野八郎著 | 140 元 |
| 2. | 性格測驗② 透視人心奧秘 | 淺野八郎著 | 140 元 |
| 3. | 性格測驗③ 發現陌生的自己 | 淺野八郎著 | 140 元 |
| 4. | 性格測驗④ 發現你的真面目 | 淺野八郎著 | 140 元 |
| 5. | 性格測驗⑤ 讓你們吃驚 | 淺野八郎著 | 140 元 |
| 6. | 性格測驗⑥ 洞穿心理盲點 | 淺野八郎著 | 140 元 |
| 7. | 性格測驗⑦ 探索對方心理 | 淺野八郎著 | 140 元 |
| 8. | 性格測驗⑧ 由吃認識自己 | 淺野八郎著 | 160 元 |
| 9. | 性格測驗⑨ 戀愛知多少 | 淺野八郎著 | 160 元 |
| 10. | 性格測驗⑩ 由裝扮瞭解人心 | 淺野八郎著 | 160 元 |

| | | |
|---|---|---|
| 11. 性格測驗⑪ 敲開內心玄機 | 淺野八郎著 | 140 元 |
| 12. 性格測驗⑫ 透視你的未來 | 淺野八郎著 | 160 元 |
| 13. 血型與你的一生 | 淺野八郎著 | 160 元 |
| 14. 趣味推理遊戲 | 淺野八郎著 | 160 元 |
| 15. 行為語言解析 | 淺野八郎著 | 160 元 |

## ・婦幼天地・電腦編號 16

| | | |
|---|---|---|
| 1. 八萬人減肥成果 | 黃靜香譯 | 180 元 |
| 2. 三分鐘減肥體操 | 楊鴻儒譯 | 150 元 |
| 3. 窈窕淑女美髮秘訣 | 柯素娥譯 | 130 元 |
| 4. 使妳更迷人 | 成　玉譯 | 130 元 |
| 5. 女性的更年期 | 官舒妍編譯 | 160 元 |
| 6. 胎內育兒法 | 李玉瓊編譯 | 150 元 |
| 7. 早產兒袋鼠式護理 | 唐岱蘭譯 | 200 元 |
| 8. 初次懷孕與生產 | 婦幼天地編譯組 | 180 元 |
| 9. 初次育兒 12 個月 | 婦幼天地編譯組 | 180 元 |
| 10. 斷乳食與幼兒食 | 婦幼天地編譯組 | 180 元 |
| 11. 培養幼兒能力與性向 | 婦幼天地編譯組 | 180 元 |
| 12. 培養幼兒創造力的玩具與遊戲 | 婦幼天地編譯組 | 180 元 |
| 13. 幼兒的症狀與疾病 | 婦幼天地編譯組 | 180 元 |
| 14. 腿部苗條健美法 | 婦幼天地編譯組 | 180 元 |
| 15. 女性腰痛別忽視 | 婦幼天地編譯組 | 150 元 |
| 16. 舒展身心體操術 | 李玉瓊編譯 | 130 元 |
| 17. 三分鐘臉部體操 | 趙薇妮著 | 160 元 |
| 18. 生動的笑容表情術 | 趙薇妮著 | 160 元 |
| 19. 心曠神怡減肥法 | 川津祐介著 | 130 元 |
| 20. 內衣使妳更美麗 | 陳玄茹譯 | 130 元 |
| 21. 瑜伽美姿美容 | 黃靜香編著 | 180 元 |
| 22. 高雅女性裝扮學 | 陳珮玲譯 | 180 元 |
| 23. 蠶糞肌膚美顏法 | 坂梨秀子著 | 160 元 |
| 24. 認識妳的身體 | 李玉瓊譯 | 160 元 |
| 25. 產後恢復苗條體態 | 居理安・芙萊喬著 | 200 元 |
| 26. 正確護髮美容法 | 山崎伊久江著 | 180 元 |
| 27. 安琪拉美姿養生學 | 安琪拉蘭斯博瑞著 | 180 元 |
| 28. 女體性醫學剖析 | 增田豐著 | 220 元 |
| 29. 懷孕與生產剖析 | 岡部綾子著 | 180 元 |
| 30. 斷奶後的健康育兒 | 東城百合子著 | 220 元 |
| 31. 引出孩子幹勁的責罵藝術 | 多湖輝著 | 170 元 |
| 32. 培養孩子獨立的藝術 | 多湖輝著 | 170 元 |
| 33. 子宮肌瘤與卵巢囊腫 | 陳秀琳編著 | 180 元 |
| 34. 下半身減肥法 | 納他夏・史達賓著 | 180 元 |
| 35. 女性自然美容法 | 吳雅菁編著 | 180 元 |
| 36. 再也不發胖 | 池園悅太郎著 | 170 元 |

| | | |
|---|---|---|
| 37. 生男生女控制術 | 中垣勝裕著 | 220 元 |
| 38. 使妳的肌膚更亮麗 | 楊　皓編著 | 170 元 |
| 39. 臉部輪廓變美 | 芝崎義夫著 | 180 元 |
| 40. 斑點、皺紋自己治療 | 高須克彌著 | 180 元 |
| 41. 面皰自己治療 | 伊藤雄康著 | 180 元 |
| 42. 隨心所欲瘦身冥想法 | 原久子著 | 180 元 |
| 43. 胎兒革命 | 鈴木丈織著 | 180 元 |
| 44. NS 磁氣平衡法塑造窈窕奇蹟 | 古屋和江著 | 180 元 |
| 45. 享瘦從腳開始 | 山田陽子著 | 180 元 |
| 46. 小改變瘦 4 公斤 | 宮本裕子著 | 180 元 |
| 47. 軟管減肥瘦身 | 高橋輝男著 | 180 元 |
| 48. 海藻精神秘美容法 | 劉名揚編著 | 180 元 |
| 49. 肌膚保養與脫毛 | 鈴木真理著 | 180 元 |
| 50. 10 天減肥 3 公斤 | 彤雲編輯組 | 180 元 |
| 51. 穿出自己的品味 | 西村玲子著 | 280 元 |

## ・青 春 天 地・電腦編號 17

| | | |
|---|---|---|
| 1. A 血型與星座 | 柯素娥編譯 | 160 元 |
| 2. B 血型與星座 | 柯素娥編譯 | 160 元 |
| 3. O 血型與星座 | 柯素娥編譯 | 160 元 |
| 4. AB 血型與星座 | 柯素娥編譯 | 120 元 |
| 5. 青春期性教室 | 呂貴嵐編譯 | 130 元 |
| 6. 事半功倍讀書法 | 王毅希編譯 | 150 元 |
| 7. 難解數學破題 | 宋釗宜編譯 | 130 元 |
| 9. 小論文寫作秘訣 | 林顯茂編譯 | 120 元 |
| 11. 中學生野外遊戲 | 熊谷康編著 | 120 元 |
| 12. 恐怖極短篇 | 柯素娥編譯 | 130 元 |
| 13. 恐怖夜話 | 小毛驢編譯 | 130 元 |
| 14. 恐怖幽默短篇 | 小毛驢編譯 | 120 元 |
| 15. 黑色幽默短篇 | 小毛驢編譯 | 120 元 |
| 16. 靈異怪談 | 小毛驢編譯 | 130 元 |
| 17. 錯覺遊戲 | 小毛驢編著 | 130 元 |
| 18. 整人遊戲 | 小毛驢編著 | 150 元 |
| 19. 有趣的超常識 | 柯素娥編譯 | 130 元 |
| 20. 哦！原來如此 | 林慶旺編譯 | 130 元 |
| 21. 趣味競賽 100 種 | 劉名揚編譯 | 120 元 |
| 22. 數學謎題入門 | 宋釗宜編譯 | 150 元 |
| 23. 數學謎題解析 | 宋釗宜編譯 | 150 元 |
| 24. 透視男女心理 | 林慶旺編譯 | 120 元 |
| 25. 少女情懷的自白 | 李桂蘭編譯 | 120 元 |
| 26. 由兄弟姊妹看命運 | 李玉瓊編譯 | 130 元 |
| 27. 趣味的科學魔術 | 林慶旺編譯 | 150 元 |
| 28. 趣味的心理實驗室 | 李燕玲編譯 | 150 元 |

| | | |
|---|---|---|
| 29. 愛與性心理測驗 | 小毛驢編譯 | 130 元 |
| 30. 刑案推理解謎 | 小毛驢編譯 | 180 元 |
| 31. 偵探常識推理 | 小毛驢編譯 | 180 元 |
| 32. 偵探常識解謎 | 小毛驢編譯 | 130 元 |
| 33. 偵探推理遊戲 | 小毛驢編譯 | 130 元 |
| 34. 趣味的超魔術 | 廖玉山編著 | 150 元 |
| 35. 趣味的珍奇發明 | 柯素娥編著 | 150 元 |
| 36. 登山用具與技巧 | 陳瑞菊編著 | 150 元 |
| 37. 性的漫談 | 蘇燕謀編著 | 180 元 |
| 38. 無的漫談 | 蘇燕謀編著 | 180 元 |
| 39. 黑色漫談 | 蘇燕謀編著 | 180 元 |
| 40. 白色漫談 | 蘇燕謀編著 | 180 元 |

## ・健康天地・電腦編號 18

| | | |
|---|---|---|
| 1. 壓力的預防與治療 | 柯素娥編譯 | 130 元 |
| 2. 超科學氣的魔力 | 柯素娥編譯 | 130 元 |
| 3. 尿療法治病的神奇 | 中尾良一著 | 130 元 |
| 4. 鐵證如山的尿療法奇蹟 | 廖玉山譯 | 120 元 |
| 5. 一日斷食健康法 | 葉慈容編譯 | 150 元 |
| 6. 胃部強健法 | 陳炳崑譯 | 120 元 |
| 7. 癌症早期檢查法 | 廖松濤譯 | 160 元 |
| 8. 老人痴呆症防止法 | 柯素娥編譯 | 130 元 |
| 9. 松葉汁健康飲料 | 陳麗芬編譯 | 130 元 |
| 10. 揉肚臍健康法 | 永井秋夫著 | 150 元 |
| 11. 過勞死、猝死的預防 | 卓秀貞編譯 | 130 元 |
| 12. 高血壓治療與飲食 | 藤山順豐著 | 150 元 |
| 13. 老人看護指南 | 柯素娥編譯 | 150 元 |
| 14. 美容外科淺談 | 楊啟宏著 | 150 元 |
| 15. 美容外科新境界 | 楊啟宏著 | 150 元 |
| 16. 鹽是天然的醫生 | 西英司郎著 | 140 元 |
| 17. 年輕十歲不是夢 | 梁瑞麟譯 | 200 元 |
| 18. 茶料理治百病 | 桑野和民著 | 180 元 |
| 19. 綠茶治病寶典 | 桑野和民著 | 150 元 |
| 20. 杜仲茶養顏減肥法 | 西田博著 | 150 元 |
| 21. 蜂膠驚人療效 | 瀨長良三郎著 | 180 元 |
| 22. 蜂膠治百病 | 瀨長良三郎著 | 180 元 |
| 23. 醫藥與生活(一) | 鄭炳全著 | 180 元 |
| 24. 鈣長生寶典 | 落合敏著 | 180 元 |
| 25. 大蒜長生寶典 | 木下繁太郎著 | 160 元 |
| 26. 居家自我健康檢查 | 石川恭三著 | 160 元 |
| 27. 永恆的健康人生 | 李秀鈴譯 | 200 元 |
| 28. 大豆卵磷脂長生寶典 | 劉雪卿譯 | 150 元 |
| 29. 芳香療法 | 梁艾琳譯 | 160 元 |

| | | |
|---|---|---|
| 30. 醋長生寶典 | 柯素娥譯 | 180 元 |
| 31. 從星座透視健康 | 席拉・吉蒂斯著 | 180 元 |
| 32. 愉悅自在保健學 | 野本二士夫著 | 160 元 |
| 33. 裸睡健康法 | 丸山淳士等著 | 160 元 |
| 34. 糖尿病預防與治療 | 藤田順豐著 | 180 元 |
| 35. 維他命長生寶典 | 菅原明子著 | 180 元 |
| 36. 維他命 C 新效果 | 鐘文訓編 | 150 元 |
| 37. 手、腳病理按摩 | 堤芳朗著 | 160 元 |
| 38. AIDS 瞭解與預防 | 彼得塔歇爾著 | 180 元 |
| 39. 甲殼質殼聚糖健康法 | 沈永嘉譯 | 160 元 |
| 40. 神經痛預防與治療 | 木下真男著 | 160 元 |
| 41. 室內身體鍛鍊法 | 陳炳崑編著 | 160 元 |
| 42. 吃出健康藥膳 | 劉大器編著 | 180 元 |
| 43. 自我指壓術 | 蘇燕謀編著 | 160 元 |
| 44. 紅蘿蔔汁斷食療法 | 李玉瓊編著 | 150 元 |
| 45. 洗心術健康秘法 | 竺翠萍編譯 | 170 元 |
| 46. 枇杷葉健康療法 | 柯素娥編譯 | 180 元 |
| 47. 抗衰血癒 | 楊啟宏著 | 180 元 |
| 48. 與癌搏鬥記 | 逸見政孝著 | 180 元 |
| 49. 冬蟲夏草長生寶典 | 高橋義博著 | 170 元 |
| 50. 痔瘡・大腸疾病先端療法 | 宮島伸宜著 | 180 元 |
| 51. 膠布治癒頑固慢性病 | 加瀨建造著 | 180 元 |
| 52. 芝麻神奇健康法 | 小林貞作著 | 170 元 |
| 53. 香煙能防止癡呆？ | 高田明和著 | 180 元 |
| 54. 穀菜食治癌療法 | 佐藤成志著 | 180 元 |
| 55. 貼藥健康法 | 松原英多著 | 180 元 |
| 56. 克服癌症調和道呼吸法 | 帶津良一著 | 180 元 |
| 57. B 型肝炎預防與治療 | 野村喜重郎著 | 180 元 |
| 58. 青春永駐養生導引術 | 早島正雄著 | 180 元 |
| 59. 改變呼吸法創造健康 | 原久子著 | 180 元 |
| 60. 荷爾蒙平衡養生秘訣 | 出村博著 | 180 元 |
| 61. 水美肌健康法 | 井戶勝富著 | 170 元 |
| 62. 認識食物掌握健康 | 廖梅珠編著 | 170 元 |
| 63. 痛風劇痛消除法 | 鈴木吉彥著 | 180 元 |
| 64. 酸莖菌驚人療效 | 上田明彥著 | 180 元 |
| 65. 大豆卵磷脂治現代病 | 神津健一著 | 200 元 |
| 66. 時辰療法—危險時刻凌晨 4 時 | 呂建強等著 | 180 元 |
| 67. 自然治癒力提升法 | 帶津良一著 | 180 元 |
| 68. 巧妙的氣保健法 | 藤平墨子著 | 180 元 |
| 69. 治癒 C 型肝炎 | 熊田博光著 | 180 元 |
| 70. 肝臟病預防與治療 | 劉名揚編著 | 180 元 |
| 71. 腰痛平衡療法 | 荒井政信著 | 180 元 |
| 72. 根治多汗症、狐臭 | 稻葉益巳著 | 220 元 |
| 73. 40 歲以後的骨質疏鬆症 | 沈永嘉譯 | 180 元 |

74. 認識中藥　松下一成著　180元
75. 認識氣的科學　佐佐木茂美著　180元
76. 我戰勝了癌症　安田伸著　180元
77. 斑點是身心的危險信號　中野進著　180元
78. 艾波拉病毒大震撼　玉川重德著　180元
79. 重新還我黑髮　桑名隆一郎著　180元
80. 身體節律與健康　林博史著　180元
81. 生薑治萬病　石原結實著　180元
82. 靈芝治百病　陳瑞東著　180元
83. 木炭驚人的威力　大槻彰著　200元
84. 認識活性氧　井土貴司著　180元
85. 深海鮫治百病　廖玉山編著　180元
86. 神奇的蜂王乳　井上丹治著　180元
87. 卡拉 OK 健腦法　東潔著　180元
88. 卡拉 OK 健康法　福田伴男著　180元
89. 醫藥與生活㈡　鄭炳全著　200元
90. 洋蔥治百病　宮尾興平著　180元
91. 年輕 10 歲快步健康法　石塚忠雄著　180元
92. 石榴的驚人神效　岡本順子著　180元
93. 飲料健康法　白鳥早奈英著　180元
94. 健康棒體操　劉名揚編譯　180元
95. 催眠健康法　蕭京凌編著　180元
96. 鬱金（美王）治百病　水野修一著　180元

## ・實用女性學講座・電腦編號 19

1. 解讀女性內心世界　島田一男著　150元
2. 塑造成熟的女性　島田一男著　150元
3. 女性整體裝扮學　黃靜香編著　180元
4. 女性應對禮儀　黃靜香編著　180元
5. 女性婚前必修　小野十傳著　200元
6. 徹底瞭解女人　田口二州著　180元
7. 拆穿女性謊言 88 招　島田一男著　200元
8. 解讀女人心　島田一男著　200元
9. 俘獲女性絕招　志賀貢著　200元
10. 愛情的壓力解套　中村理英子著　200元
11. 妳是人見人愛的女孩　廖松濤編著　200元

## ・校園系列・電腦編號 20

1. 讀書集中術　多湖輝著　150元
2. 應考的訣竅　多湖輝著　150元
3. 輕鬆讀書贏得聯考　多湖輝著　150元

4. 讀書記憶秘訣　多湖輝著　150元
5. 視力恢復！超速讀術　江錦雲譯　180元
6. 讀書 36 計　黃柏松編著　180元
7. 驚人的速讀術　鐘文訓編著　170元
8. 學生課業輔導良方　多湖輝著　180元
9. 超速讀超記憶法　廖松濤編著　180元
10. 速算解題技巧　宋釗宜編著　200元
11. 看圖學英文　陳炳崑編著　200元
12. 讓孩子最喜歡數學　沈永嘉譯　180元
13. 催眠記憶術　林碧清譯　180元
14. 催眠速讀術　林碧清譯　180元

## ・實用心理學講座・電腦編號 21

1. 拆穿欺騙伎倆　多湖輝著　140元
2. 創造好構想　多湖輝著　140元
3. 面對面心理術　多湖輝著　160元
4. 偽裝心理術　多湖輝著　140元
5. 透視人性弱點　多湖輝著　140元
6. 自我表現術　多湖輝著　180元
7. 不可思議的人性心理　多湖輝著　180元
8. 催眠術入門　多湖輝著　150元
9. 責罵部屬的藝術　多湖輝著　150元
10. 精神力　多湖輝著　150元
11. 厚黑說服術　多湖輝著　150元
12. 集中力　多湖輝著　150元
13. 構想力　多湖輝著　150元
14. 深層心理術　多湖輝著　160元
15. 深層語言術　多湖輝著　160元
16. 深層說服術　多湖輝著　180元
17. 掌握潛在心理　多湖輝著　160元
18. 洞悉心理陷阱　多湖輝著　180元
19. 解讀金錢心理　多湖輝著　180元
20. 拆穿語言圈套　多湖輝著　180元
21. 語言的內心玄機　多湖輝著　180元
22. 積極力　多湖輝著　180元

## ・超現實心理講座・電腦編號 22

1. 超意識覺醒法　詹蔚芬編譯　130元
2. 護摩秘法與人生　劉名揚編譯　130元
3. 秘法！超級仙術入門　陸明譯　150元
4. 給地球人的訊息　柯素娥編著　150元

| | | |
|---|---|---|
| 5. 密教的神通力 | 劉名揚編著 | 130 元 |
| 6. 神秘奇妙的世界 | 平川陽一著 | 200 元 |
| 7. 地球文明的超革命 | 吳秋嬌譯 | 200 元 |
| 8. 力量石的秘密 | 吳秋嬌譯 | 180 元 |
| 9. 超能力的靈異世界 | 馬小莉譯 | 200 元 |
| 10. 逃離地球毀滅的命運 | 吳秋嬌譯 | 200 元 |
| 11. 宇宙與地球終結之謎 | 南山宏著 | 200 元 |
| 12. 驚世奇功揭秘 | 傅起鳳著 | 200 元 |
| 13. 啟發身心潛力心象訓練法 | 栗田昌裕著 | 180 元 |
| 14. 仙道術遁甲法 | 高藤聰一郎著 | 220 元 |
| 15. 神通力的秘密 | 中岡俊哉著 | 180 元 |
| 16. 仙人成仙術 | 高藤聰一郎著 | 200 元 |
| 17. 仙道符咒氣功法 | 高藤聰一郎著 | 220 元 |
| 18. 仙道風水術尋龍法 | 高藤聰一郎著 | 200 元 |
| 19. 仙道奇蹟超幻像 | 高藤聰一郎著 | 200 元 |
| 20. 仙道鍊金術房中法 | 高藤聰一郎著 | 200 元 |
| 21. 奇蹟超醫療治癒難病 | 深野一幸著 | 220 元 |
| 22. 揭開月球的神秘力量 | 超科學研究會 | 180 元 |
| 23. 西藏密教奧義 | 高藤聰一郎著 | 250 元 |
| 24. 改變你的夢術入門 | 高藤聰一郎著 | 250 元 |
| 25. 21 世紀拯救地球超技術 | 深野一幸著 | 250 元 |

## ·養 生 保 健· 電腦編號 23

| | | |
|---|---|---|
| 1. 醫療養生氣功 | 黃孝寬著 | 250 元 |
| 2. 中國氣功圖譜 | 余功保著 | 230 元 |
| 3. 少林醫療氣功精粹 | 井玉蘭著 | 250 元 |
| 4. 龍形實用氣功 | 吳大才等著 | 220 元 |
| 5. 魚戲增視強身氣功 | 宮　嬰著 | 220 元 |
| 6. 嚴新氣功 | 前新培金著 | 250 元 |
| 7. 道家玄牝氣功 | 張　章著 | 200 元 |
| 8. 仙家秘傳袪病功 | 李遠國著 | 160 元 |
| 9. 少林十大健身功 | 秦慶豐著 | 180 元 |
| 10. 中國自控氣功 | 張明武著 | 250 元 |
| 11. 醫療防癌氣功 | 黃孝寬著 | 250 元 |
| 12. 醫療強身氣功 | 黃孝寬著 | 250 元 |
| 13. 醫療點穴氣功 | 黃孝寬著 | 250 元 |
| 14. 中國八卦如意功 | 趙維漢著 | 180 元 |
| 15. 正宗馬禮堂養氣功 | 馬禮堂著 | 420 元 |
| 16. 秘傳道家筋經內丹功 | 王慶餘著 | 280 元 |
| 17. 三元開慧功 | 辛桂林著 | 250 元 |
| 18. 防癌治癌新氣功 | 郭　林著 | 180 元 |
| 19. 禪定與佛家氣功修煉 | 劉天君著 | 200 元 |
| 20. 顛倒之術 | 梅自強著 | 360 元 |

| | | |
|---|---|---|
| 21. 簡明氣功辭典 | 吳家駿編 | 360 元 |
| 22. 八卦三合功 | 張全亮著 | 230 元 |
| 23. 朱砂掌健身養生功 | 楊永著 | 250 元 |
| 24. 抗老功 | 陳九鶴著 | 230 元 |
| 25. 意氣按穴排濁自療法 | 黃啟運編著 | 250 元 |
| 26. 陳式太極拳養生功 | 陳正雷著 | 200 元 |
| 27. 健身祛病小功法 | 王培生著 | 200 元 |
| 28. 張式太極混元功 | 張春銘著 | 250 元 |

## ・社會人智囊・電腦編號 24

| | | |
|---|---|---|
| 1. 糾紛談判術 | 清水增三著 | 160 元 |
| 2. 創造關鍵術 | 淺野八郎著 | 150 元 |
| 3. 觀人術 | 淺野八郎著 | 180 元 |
| 4. 應急詭辯術 | 廖英迪編著 | 160 元 |
| 5. 天才家學習術 | 木原武一著 | 160 元 |
| 6. 貓型狗式鑑人術 | 淺野八郎著 | 180 元 |
| 7. 逆轉運掌握術 | 淺野八郎著 | 180 元 |
| 8. 人際圓融術 | 澀谷昌三著 | 160 元 |
| 9. 解讀人心術 | 淺野八郎著 | 180 元 |
| 10. 與上司水乳交融術 | 秋元隆司著 | 180 元 |
| 11. 男女心態定律 | 小田晉著 | 180 元 |
| 12. 幽默說話術 | 林振輝編著 | 200 元 |
| 13. 人能信賴幾分 | 淺野八郎著 | 180 元 |
| 14. 我一定能成功 | 李玉瓊譯 | 180 元 |
| 15. 獻給青年的嘉言 | 陳蒼杰譯 | 180 元 |
| 16. 知人、知面、知其心 | 林振輝編著 | 180 元 |
| 17. 塑造堅強的個性 | 坂上肇著 | 180 元 |
| 18. 為自己而活 | 佐藤綾子著 | 180 元 |
| 19. 未來十年與愉快生活有約 | 船井幸雄著 | 180 元 |
| 20. 超級銷售話術 | 杜秀卿譯 | 180 元 |
| 21. 感性培育術 | 黃靜香編著 | 180 元 |
| 22. 公司新鮮人的禮儀規範 | 蔡媛惠譯 | 180 元 |
| 23. 傑出職員鍛鍊術 | 佐佐木正著 | 180 元 |
| 24. 面談獲勝戰略 | 李芳黛譯 | 180 元 |
| 25. 金玉良言撼人心 | 森純大著 | 180 元 |
| 26. 男女幽默趣典 | 劉華亭編著 | 180 元 |
| 27. 機智說話術 | 劉華亭編著 | 180 元 |
| 28. 心理諮商室 | 柯素娥譯 | 180 元 |
| 29. 如何在公司崢嶸頭角 | 佐佐木正著 | 180 元 |
| 30. 機智應對術 | 李玉瓊編著 | 200 元 |
| 31. 克服低潮良方 | 坂野雄二著 | 180 元 |
| 32. 智慧型說話技巧 | 沈永嘉編著 | 180 元 |
| 33. 記憶力、集中力增進術 | 廖松濤編著 | 180 元 |

| | | |
|---|---|---|
| 34. 女職員培育術 | 林慶旺編著 | 180 元 |
| 35. 自我介紹與社交禮儀 | 柯素娥編著 | 180 元 |
| 36. 積極生活創幸福 | 田中真澄著 | 180 元 |
| 37. 妙點子超構想 | 多湖輝著 | 180 元 |
| 38. 說 NO 的技巧 | 廖玉山編著 | 180 元 |
| 39. 一流說服力 | 李玉瓊編著 | 180 元 |
| 40. 般若心經成功哲學 | 陳鴻蘭編著 | 180 元 |
| 41. 訪問推銷術 | 黃靜香編著 | 180 元 |
| 42. 男性成功秘訣 | 陳蒼杰編著 | 180 元 |
| 43. 笑容、人際智商 | 宮川澄子著 | 180 元 |
| 44. 多湖輝的構想工作室 | 多湖輝著 | 200 元 |
| 45. 名人名語啟示錄 | 喬家楓著 | 180 元 |
| 46. 口才必勝術 | 黃柏松編著 | 220 元 |
| 47. 能言善道的說話術 | 章智冠編著 | 180 元 |

## ・精 選 系 列・電腦編號 25

| | | |
|---|---|---|
| 1. 毛澤東與鄧小平 | 渡邊利夫等著 | 280 元 |
| 2. 中國大崩裂 | 江戶介雄著 | 180 元 |
| 3. 台灣・亞洲奇蹟 | 上村幸治著 | 220 元 |
| 4. 7-ELEVEN 高盈收策略 | 國友隆一著 | 180 元 |
| 5. 台灣獨立（新・中國日本戰爭一） | 森詠著 | 200 元 |
| 6. 迷失中國的末路 | 江戶雄介著 | 220 元 |
| 7. 2000 年 5 月全世界毀滅 | 紫藤甲子男著 | 180 元 |
| 8. 失去鄧小平的中國 | 小島朋之著 | 220 元 |
| 9. 世界史爭議性異人傳 | 桐生操著 | 200 元 |
| 10. 淨化心靈享人生 | 松濤弘道著 | 220 元 |
| 11. 人生心情診斷 | 賴藤和寬著 | 220 元 |
| 12. 中美大決戰 | 檜山良昭著 | 220 元 |
| 13. 黃昏帝國美國 | 莊雯琳譯 | 220 元 |
| 14. 兩岸衝突（新・中國日本戰爭二） | 森詠著 | 220 元 |
| 15. 封鎖台灣（新・中國日本戰爭三） | 森詠著 | 220 元 |
| 16. 中國分裂（新・中國日本戰爭四） | 森詠著 | 220 元 |
| 17. 由女變男的我 | 虎井正衛著 | 200 元 |
| 18. 佛學的安心立命 | 松濤弘道著 | 220 元 |
| 19. 世界喪禮大觀 | 松濤弘道著 | 280 元 |

## ・運 動 遊 戲・電腦編號 26

| | | |
|---|---|---|
| 1. 雙人運動 | 李玉瓊譯 | 160 元 |
| 2. 愉快的跳繩運動 | 廖玉山譯 | 180 元 |
| 3. 運動會項目精選 | 王佑京譯 | 150 元 |
| 4. 肋木運動 | 廖玉山譯 | 150 元 |

| | | | |
|---|---|---|---|
| 5. | 測力運動 | 王佑宗譯 | 150 元 |
| 6. | 游泳入門 | 唐桂萍編著 | 200 元 |

## ·休閒娛樂·電腦編號 27

| | | | |
|---|---|---|---|
| 1. | 海水魚飼養法 | 田中智浩著 | 300 元 |
| 2. | 金魚飼養法 | 曾雪玫譯 | 250 元 |
| 3. | 熱門海水魚 | 毛利匡明著 | 480 元 |
| 4. | 愛犬的教養與訓練 | 池田好雄著 | 250 元 |
| 5. | 狗教養與疾病 | 杉浦哲著 | 220 元 |
| 6. | 小動物養育技巧 | 三上昇著 | 300 元 |
| 7. | 水草選擇、培育、消遣 | 安齊裕司著 | 300 元 |
| 20. | 園藝植物管理 | 船越亮二著 | 220 元 |
| 40. | 撲克牌遊戲與贏牌秘訣 | 林振輝編著 | 180 元 |
| 41. | 撲克牌魔術、算命、遊戲 | 林振輝編著 | 180 元 |
| 42. | 撲克占卜入門 | 王家成編著 | 180 元 |
| 50. | 兩性幽默 | 幽默選集編輯組 | 180 元 |
| 51. | 異色幽默 | 幽默選集編輯組 | 180 元 |

## ·銀髮族智慧學·電腦編號 28

| | | | |
|---|---|---|---|
| 1. | 銀髮六十樂逍遙 | 多湖輝著 | 170 元 |
| 2. | 人生六十反年輕 | 多湖輝著 | 170 元 |
| 3. | 六十歲的決斷 | 多湖輝著 | 170 元 |
| 4. | 銀髮族健身指南 | 孫瑞台編著 | 250 元 |
| 5. | 退休後的夫妻健康生活 | 施聖茹譯 | 200 元 |

## ·飲食保健·電腦編號 29

| | | | |
|---|---|---|---|
| 1. | 自己製作健康茶 | 大海淳著 | 220 元 |
| 2. | 好吃、具藥效茶料理 | 德永睦子著 | 220 元 |
| 3. | 改善慢性病健康藥草茶 | 吳秋嬌譯 | 200 元 |
| 4. | 藥酒與健康果菜汁 | 成玉編著 | 250 元 |
| 5. | 家庭保健養生湯 | 馬汴梁編著 | 220 元 |
| 6. | 降低膽固醇的飲食 | 早川和志著 | 200 元 |
| 7. | 女性癌症的飲食 | 女子營養大學 | 280 元 |
| 8. | 痛風者的飲食 | 女子營養大學 | 280 元 |
| 9. | 貧血者的飲食 | 女子營養大學 | 280 元 |
| 10. | 高脂血症者的飲食 | 女子營養大學 | 280 元 |
| 11. | 男性癌症的飲食 | 女子營養大學 | 280 元 |
| 12. | 過敏者的飲食 | 女子營養大學 | 280 元 |
| 13. | 心臟病的飲食 | 女子營養大學 | 280 元 |
| 14. | 滋陰壯陽的飲食 | 王增著 | 220 元 |

| | | | |
|---|---|---|---|
| 15. | 胃、十二指腸潰瘍的飲食 | 勝健一等著 | 280元 |
| 16. | 肥胖者的飲食 | 雨宮禎子等著 | 280元 |

## ・家庭醫學保健・電腦編號 30

| | | | |
|---|---|---|---|
| 1. | 女性醫學大全 | 雨森良彥著 | 380元 |
| 2. | 初為人父育兒寶典 | 小瀧周曹著 | 220元 |
| 3. | 性活力強健法 | 相建華著 | 220元 |
| 4. | 30歲以上的懷孕與生產 | 李芳黛編著 | 220元 |
| 5. | 舒適的女性更年期 | 野末悅子著 | 200元 |
| 6. | 夫妻前戲的技巧 | 笠井寬司著 | 200元 |
| 7. | 病理足穴按摩 | 金慧明著 | 220元 |
| 8. | 爸爸的更年期 | 河野孝旺著 | 200元 |
| 9. | 橡皮帶健康法 | 山田晶著 | 180元 |
| 10. | 三十三天健美減肥 | 相建華等著 | 180元 |
| 11. | 男性健美入門 | 孫玉祿編著 | 180元 |
| 12. | 強化肝臟秘訣 | 主婦の友社編 | 200元 |
| 13. | 了解藥物副作用 | 張果馨譯 | 200元 |
| 14. | 女性醫學小百科 | 松山榮吉著 | 200元 |
| 15. | 左轉健康法 | 龜田修等著 | 200元 |
| 16. | 實用天然藥物 | 鄭炳全編著 | 260元 |
| 17. | 神秘無痛平衡療法 | 林宗駛著 | 180元 |
| 18. | 膝蓋健康法 | 張果馨譯 | 180元 |
| 19. | 針灸治百病 | 葛書翰著 | 250元 |
| 20. | 異位性皮膚炎治癒法 | 吳秋嬌譯 | 220元 |
| 21. | 禿髮白髮預防與治療 | 陳炳崑編著 | 180元 |
| 22. | 埃及皇宮菜健康法 | 飯森薰著 | 200元 |
| 23. | 肝臟病安心治療 | 上野幸久著 | 220元 |
| 24. | 耳穴治百病 | 陳抗美等著 | 250元 |
| 25. | 高效果指壓法 | 五十嵐康彥著 | 200元 |
| 26. | 瘦水、胖水 | 鈴木園子著 | 200元 |
| 27. | 手針新療法 | 朱振華著 | 200元 |
| 28. | 香港腳預防與治療 | 劉小惠譯 | 250元 |
| 29. | 智慧飲食吃出健康 | 柯富陽編著 | 200元 |
| 30. | 牙齒保健法 | 廖玉山編著 | 200元 |
| 31. | 恢復元氣養生食 | 張果馨譯 | 200元 |
| 32. | 特效推拿按摩術 | 李玉田著 | 200元 |
| 33. | 一週一次健康法 | 若狹真著 | 200元 |
| 34. | 家常科學膳食 | 大塚滋著 | 220元 |
| 35. | 夫妻們關心的男性不孕 | 原利夫著 | 220元 |
| 36. | 自我瘦身美容 | 馬野詠子著 | 200元 |
| 37. | 魔法姿勢益健康 | 五十嵐康彥著 | 200元 |
| 38. | 眼病錘療法 | 馬栩周著 | 200元 |
| 39. | 預防骨質疏鬆症 | 藤田拓男著 | 200元 |

40. 骨質增生效驗方　李吉茂編著　250 元
41. 蕺菜健康法　小林正夫著　200 元
42. 赧於啟齒的男性煩惱　增田豐著　220 元
43. 簡易自我健康檢查　稻葉允著　250 元
44. 實用花草健康法　友田純子著　200 元
45. 神奇的手掌療法　日比野喬著　230 元
46. 家庭式三大穴道療法　刑部忠和著　200 元
47. 子宮癌、卵巢癌　岡島弘幸著　220 元
48. 糖尿病機能性食品　劉雪卿編著　220 元
49. 奇蹟活現經脈美容法　林振輝編譯　200 元
50. Super SEX　秋好憲一著　220 元
51. 了解避孕丸　林玉佩譯　200 元
52. 有趣的遺傳學　蕭京凌編著　200 元
53. 強身健腦手指運動　羅群等著　250 元

## ・超經營新智慧・電腦編號 31

1. 躍動的國家越南　林雅倩譯　250 元
2. 甦醒的小龍菲律賓　林雅倩譯　220 元
3. 中國的危機與商機　中江要介著　250 元
4. 在印度的成功智慧　山內利男著　220 元
5. 7-ELEVEN 大革命　村上豐道著　200 元
6. 業務員成功秘方　呂育清編著　200 元
7. 在亞洲成功的智慧　鈴木讓二著　220 元

## ・親子系列・電腦編號 32

1. 如何使孩子出人頭地　多湖輝著　200 元
2. 心靈啟蒙教育　多湖輝著　280 元

## ・雅致系列・電腦編號 33

1. 健康食譜春冬篇　丸元淑生著　200 元
2. 健康食譜夏秋篇　丸元淑生著　200 元
3. 純正家庭料理　陳建民等著　200 元
4. 家庭四川菜　陳建民著　200 元
5. 醫食同源健康美食　郭長聚著　200 元
6. 家族健康食譜　東畑朝子著　200 元

## ・美術系列・電腦編號 34

1. 可愛插畫集　鉛筆等著　220 元
2. 人物插畫集　鉛筆等著　元

國家圖書館出版品預行編目資料

21世紀拯救地球超技術/深野一幸著；林雅倩譯
——初版，——臺北市，大展，[ 1999 ] 民88
242面；21公分，——（超現實心理講座；25）
譯自：地球を救う21世紀の超技術
ISBN 957-557-901-1（平裝）
1.能源技術 2.能源問題 3.能源 4.能量
400.15　　88000728



*21世紀拯救地球超技術*

ISBN 957-557-901-1
原著者/ 深野一幸
編譯者/ 林雅倩
發行人/ 蔡森明
出版者/ 大展出版社有限公司
社　址/ 台北市北投區（石牌）致遠一路2段12巷1號
電　話/（02）28236031・28236033
傳　真/（02）28272069
郵政劃撥/ 0166955-1
登記證/ 局版臺業字第2171號
承印者/ 國順圖書印刷公司
裝　訂/ 嶸興裝訂有限公司
排版者/ 弘益電腦排版有限公司
電　話/（02）27403609・27112792
初版1刷/ 1999年（民88年） 3月

定　價/ 250元

大展好書 好書大展

大展好書 好書大展